世界第一美味の料理法100道

はらぺこグリズリー
好餓的灰熊 著　王華懋 譯

世界一美味しい煮卵の作り方
家メシ食堂 ひとりぶん100レシピ

前言

「獨自外派，每天一個人吃飯」、「丈夫晚上應酬，今天一個人吃飯」，就像這樣，不單是獨居人士，一般人獨自用餐的機會應該意外地多。

本書的目的，就是要讓「一個人吃飯的時間」變成最快樂、最美味的時光。

作者自己也經常一個人吃飯，總是懷著「想吃什麼，就立刻動手，盡情享用」的心情，輕鬆下廚。

現在雖然很享受一個人用餐的時光，但一開始也吃了相當多的苦頭。

因為市面上的食譜幾乎都是二到四人的分量，而且食材和做法都繁瑣極了。

就算翻到想吃的菜色，覺得「這個看起來好好吃！」但一看到材料裡面有香菜，廚藝新手根本不會想做，而且每次都要把材料除以人數，也非常麻煩。

「成本昂貴，又這麼費工夫，做出來的東西還能不好吃嗎？」

「成本低廉，可以兩三下輕鬆完成，但又美味好吃的料理，才是大家真正需要的料理吧？」

「要是有純粹介紹這種料理的園地就好了。」

出於這樣的願望，我開設了自己的料理部落格。

靈活運用替代食材和市售的調味料，或是在烹飪過程中發揮巧思，提高CP值。摒除所有打擊難得的下廚興致的「莫名其妙卻貴得要命的食材」，全部的食材都可以在超市等商店買到。

說明與編排也盡量簡潔，全部標示出具體的分量，完全沒有烹飪初學者最大的敵人「適量」、「少許」這類模稜兩可的說明。

就這樣，我秉持「我想設計出一百個人來做，一百個人都會稱讚好吃的食譜」的信念，全心全意經營「好餓的灰熊的料理部落格」，幸運地大獲好評，現在推出書籍版了！

既然以書籍這樣的形式問世，為了讓它成為真正「實用」的食譜，我針對內容精挑細選，進一步改良，並加入了部落格未公開的食譜。最後完成的這本食譜，可說是作者傾注了料理部落格經驗的的全副心血。

本書收錄的食譜，除了在部落格大受好評的十道料理外，還有下酒菜、配菜、麵類、飯類、甜點、部落格未公開的絕品料理等等，五花八門。

為了讓本書真正實用，作者加入了許多巧思：

- ●最快可以在一分鐘內完成的下酒菜
- ●利用吐司邊，不花錢即可完成的零嘴
- ●追求美味、省工、廉價極致平衡的配菜
- ●徹底活用微波爐和烤箱，達到效率、省事
- ●用餐巾紙吸取麵味露，大幅節省調味料

期望本書不僅是讓獨居人士，更可以讓每位讀者「一個人吃飯的時間」變成「迫不及待的快樂時光」。

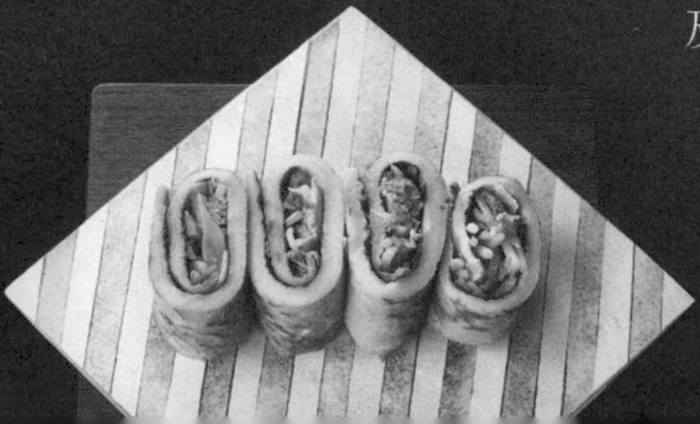

【目次】

Chapter 5 讓餐桌變得更熱鬧！需要時最可靠的配菜

Chapter 6 一道菜解決一餐！飯類

本書的使用方法

1. 大匙與小匙的分量

●1大匙是15ml。

●1小匙是5ml。

2. 關於微波爐

●微波爐的加熱時間是以500W的火力為準。

●如果是600W火力的微波爐，請將加熱時間乘以0.8倍，予以調整。

●不同的機種，火力會有些許差異。

3. 關於加熱時間

●家用瓦斯爐、IH電磁爐等，機種不同，火力、功率也會不同。

●加熱時間只是參考值，請斟酌火力大小，調整加熱時間。

●特別是肉類料理，請實際確定是否熟透。

4. 關於分量

●本書的食譜，除了奶油咖哩雞和部分點心食譜外，都是一人份。

＊本書介紹了像是溏心蛋等食材沒有完全煮熟的料理法，請確保食材的新鮮度，再進行料理。

Chapter

1

不管從哪一道做起都「超好吃！超便宜！好輕鬆！」的十道人氣食譜

本章精選的十道料理，是作者所知範圍內最厲害的十道食譜，希望可以讓讀者了解到原來下廚意外地簡單，隨便做隨便好吃，而且超有趣。

這十道料理，都是在部落格得到熱烈迴響的人氣食譜，包括了曾經被電視介紹的溏心蛋等等。

這十道料理都是兼顧「美味、便宜、簡單」的力作，請先從裡面喜歡的料理著手挑戰，並且品嘗看看吧！

世界第一美味的溏心蛋秘方

作者要在這裡告訴大家：
我最愛溏心蛋了！

去拉麵店吃拉麵的時候不用說，只要看到店家的配菜裡面有溏心蛋，就非要點來吃吃看不可。有時候甚至一日三餐，每一餐裡面都有溏心蛋。

因為太喜歡溏心蛋了，光吃還不滿足，我開始想要自己來做出完美的溏心蛋。

一開始失敗連連，不是煮得太硬，就是味道不夠。但作者對溏心蛋的熱情從來不曾冷卻。

就在作者鍥而不舍的日夜鑽研之下，終於完成了擁有

- 完美的半熟度
- 絕妙的調味
- 重現度百分百

的終極溏心蛋食譜！

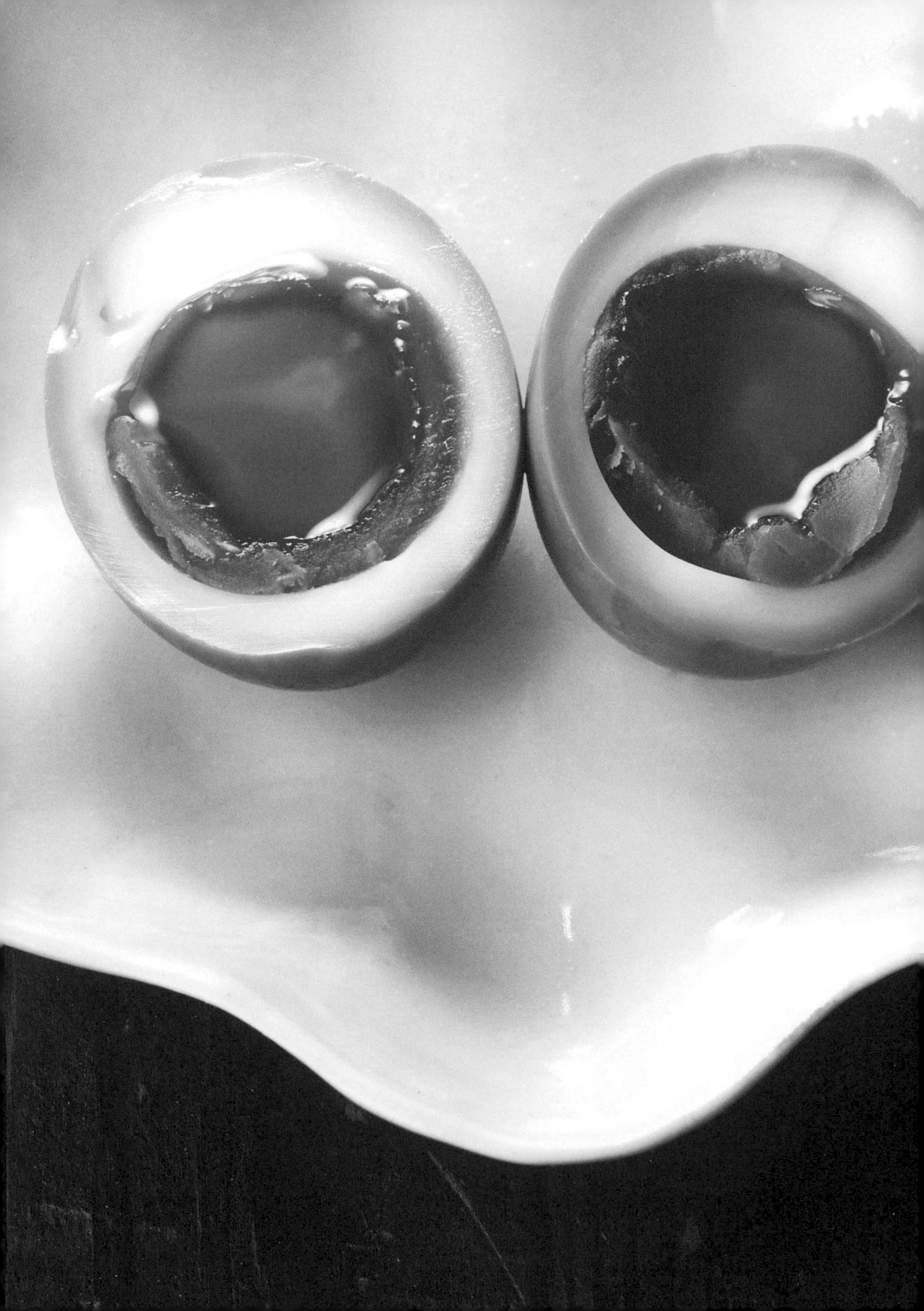

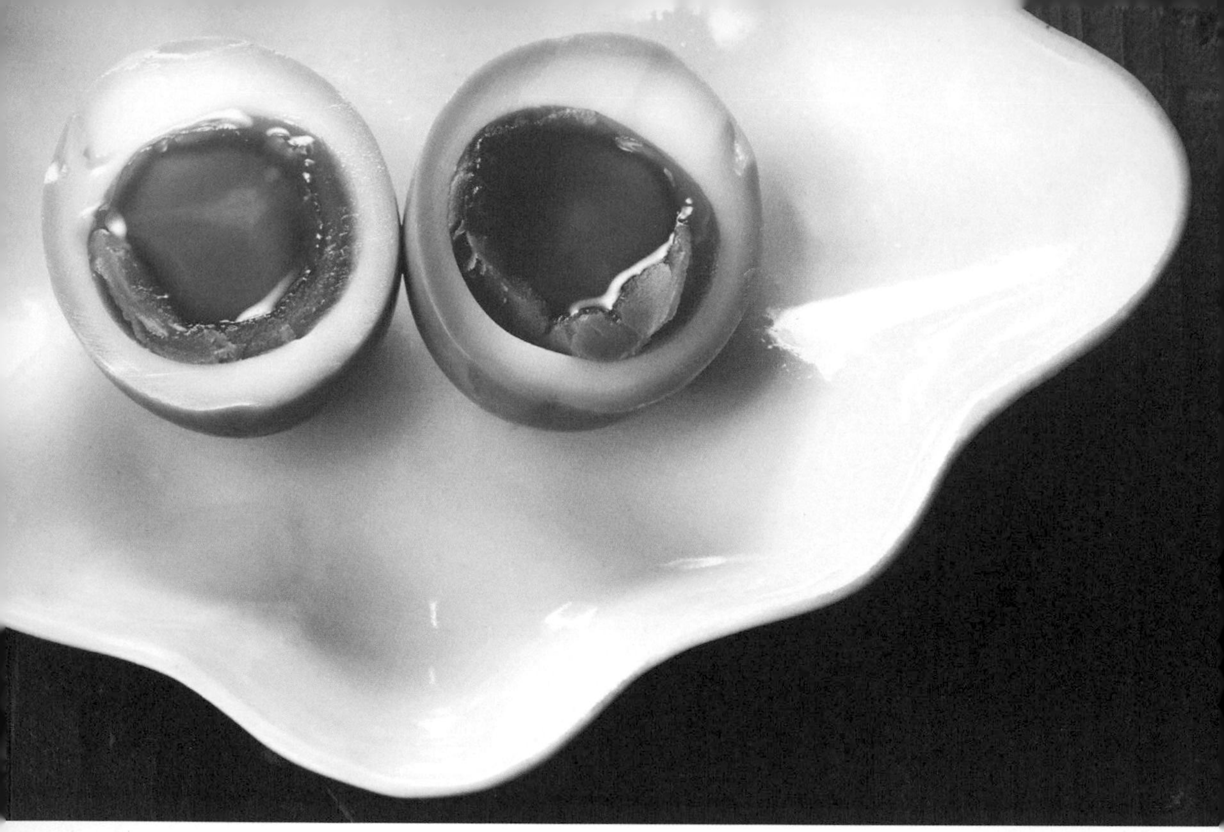

世界第一美味的溏心蛋秘方

經徹底研究後完成的決定版秘方！CP值最強的終極溏心蛋就在這裡！

1

煮一鍋沸水，用長柄勺放入3顆蛋。以中火煮6分鐘後，放入冰水浸泡3分鐘。

2

在流水底下剝掉蛋殼，把蛋和麵味露100ml放進密閉容器裡。

3

用一張廚房紙巾覆蓋在蛋上，再淋上麵味露50ml。蓋上密閉容器，放在冰箱裡醃漬半天。

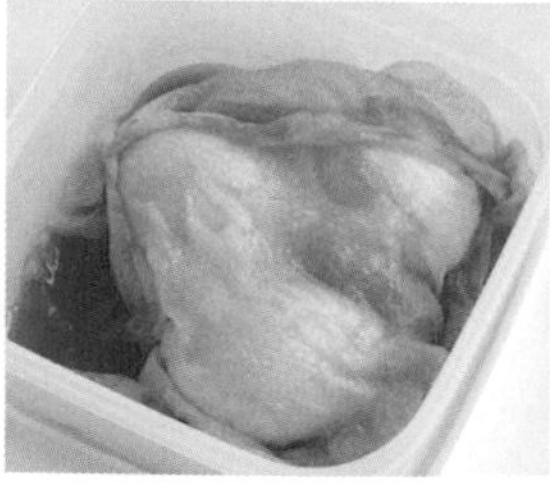

1人份的材料

雞蛋…3顆　　麵味露（2倍濃縮）…150ml

燒肉店「牛角」風溫泉蛋涼豆腐

濃稠的半熟蛋完美搭配微辛辣油，令人上癮的美味！

1

將1/2塊豆腐放入容器，以微波爐（500W）加熱1分鐘。

2

在其他容器放入1大匙的水，打1顆蛋進去，以微波爐（500W）加熱約30秒後，用大湯匙按住半熟蛋，倒掉容器裡的水。

3

為了容易放上半熟蛋，先用湯匙挖掉1的豆腐上方約一口大小。將2小匙辣油及2的半熟蛋放到缺口上。

1人份的材料

嫩豆腐…1/2塊
雞蛋…1顆
水…1大匙
辣油…2小匙

美味非比尋常的酪梨新吃法

鹹鹹甜甜，一口接一口！
酪梨與大蒜是天生絕配！

1

將酪梨縱向切一圈，以切口為軸心，雙手將酪梨左右兩半各朝不同的方向旋轉打開。用湯匙挖掉種子，小心地剝皮。

2

輕柔地將酪梨切成一口大小，注意保持形狀完整，放入大碗。

3

將軟管裝大蒜泥1公分、芝麻油1大匙、醬油1大匙、砂糖1大匙加入2裡攪拌。

1人份的材料

酪梨…1顆
芝麻油…1大匙
醬油…1大匙
砂糖…1大匙
軟管裝大蒜泥…1公分

撫慰心靈的熱奶昔

超簡單就可以讓自己歇口氣。從體內溫暖一下如何？

1

在馬克杯裡放入牛奶200ml、奶油10g、2小匙尖起的砂糖，用湯匙攪拌。

2

用微波爐（500W）加熱約3分鐘。

3

加熱後，再次用湯匙攪拌。

1 人份的材料

牛奶…200ml
奶油…10g
砂糖…2小匙尖起的量

黃金培根蛋麵

雖然簡單，但如果端出這道菜，必定能讓人刮目相看！不僅好吃又兼具營養的超厲害義大利麵！

1

大蒜1瓣切片，將培根20g切成一口大小的長方形。

2

在平底鍋加入橄欖油1大匙加熱，放入1的大蒜和培根，以中火炒約1分30秒，直到呈現金黃色。

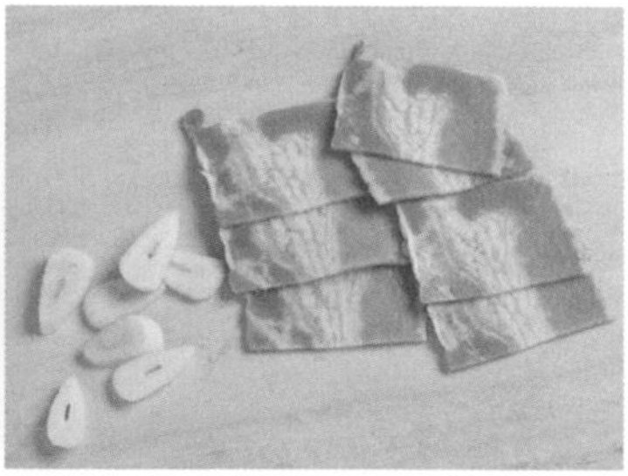

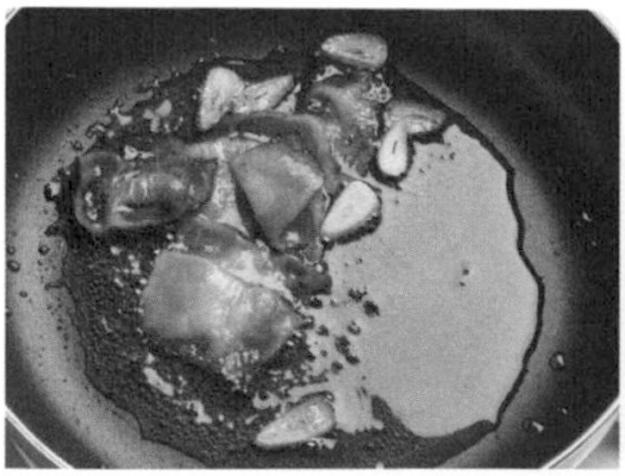

1人份的材料

義大利麵…100g
牛奶…200ml
培根…20g
大蒜…1瓣
雞蛋…1顆
橄欖油…1大匙
黑胡椒…
撒1～2下的量
雞湯粉…1小匙
起司粉…2大匙

3

將牛奶200ml、雞湯粉1小匙、起司粉2大匙加入鍋中，以中火煮約2分30秒，直到冒出小泡。

4

參考51頁，煮好義大利麵100g，撈起後瀝去水分。

5

將3加入4的義大利麵裡，用料理夾拌勻。

6

將5盛入器皿，打1顆蛋，用湯匙取出蛋黃，擺在義大利麵中央，撒上1~2下黑胡椒。

培根蛋麵一定要用義大利細扁麵，這是絕對的堅持。

小撇步！

使用義大利細扁麵，Q彈的口感可以更突顯醬汁的美味。

帶你上天堂的叉燒丼

白飯！肉！醬汁！保證做了不後悔，徹底兼顧分量、美味與便宜的一道料理！

1

將1片雞腿肉皮朝下放在砧板上。

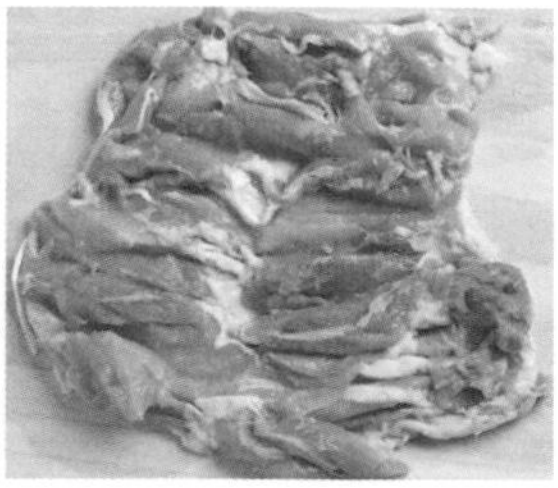

2

將1的雞肉捲成棒狀，再以竹籤或牙籤固定在捲起的狀態。

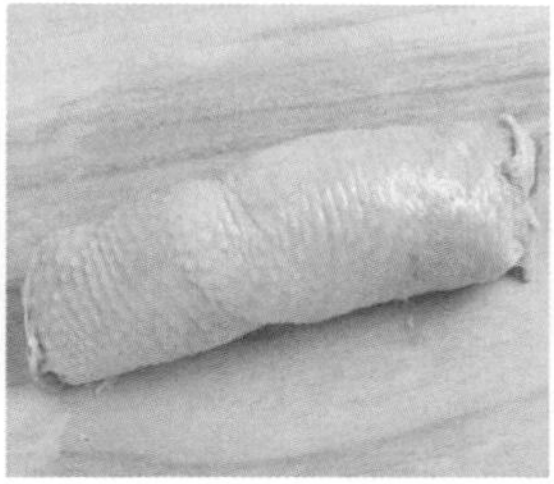

3

將1/3塊生薑切片，長蔥綠色的部分切成4公分長度，將2的雞肉、切好的長蔥、生薑片、醬油100ml、水100ml、酒2大匙、味醂1大匙放入鍋中。

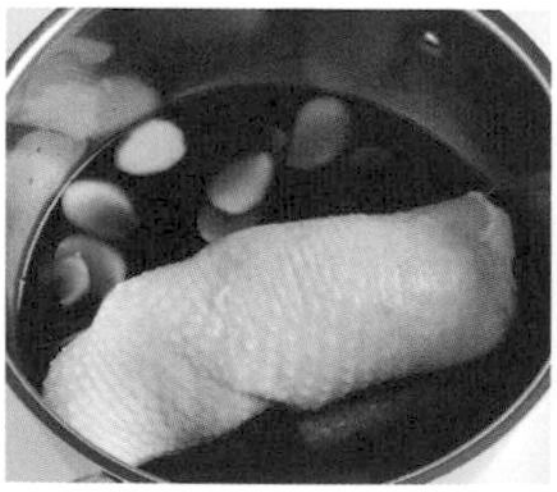

1人份的材料

雞腿肉…1片
白飯…150g
生薑…1/3塊
長蔥綠色的部分…約4公分
醬油…100ml
水…100ml
酒…2大匙
味醂…1大匙
海苔絲…喜好的量
16頁的溏心蛋…1顆
16頁的溏心蛋醬汁…2大匙

4

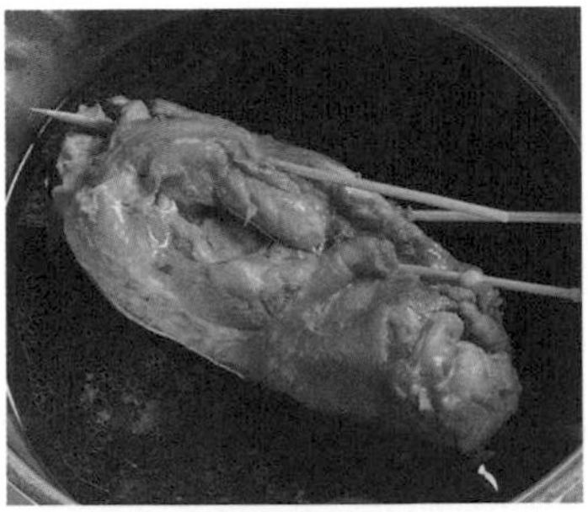

將3以大火熬煮2分鐘，轉成小火，翻動雞腿肉，使其均勻熬煮30分鐘後，拔掉竹籤，將雞肉切成約2公分厚的片狀。將預先做好的溏心蛋（參考16頁）1顆切成兩半。

5

在4取出叉燒肉之後的鍋子裡，加入用來醃漬溏心蛋的醬汁2大匙，以中火熬煮2分鐘。

6

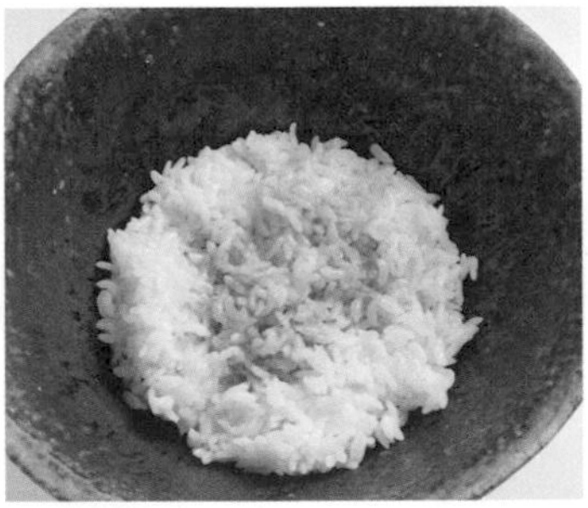

將5的醬汁淋在白飯150g上，放上4的叉燒肉、溏心蛋、喜好的量的海苔絲。

肉的美味與腥味，是兩碼子事。
小撇步！
放入長蔥的綠色部分，就可以去除肉的腥味。

老媽炸雞

簡單就是最好。炸雞本來就十足美味，如果自己做，就更加美味了！以老媽的味道為目標。

1

在大碗放入切塊的雞腿肉200g、軟管裝生薑泥1大匙、醬油2大匙、酒1大匙混合，蓋上保鮮膜，放在冰箱裡醃上30分鐘。

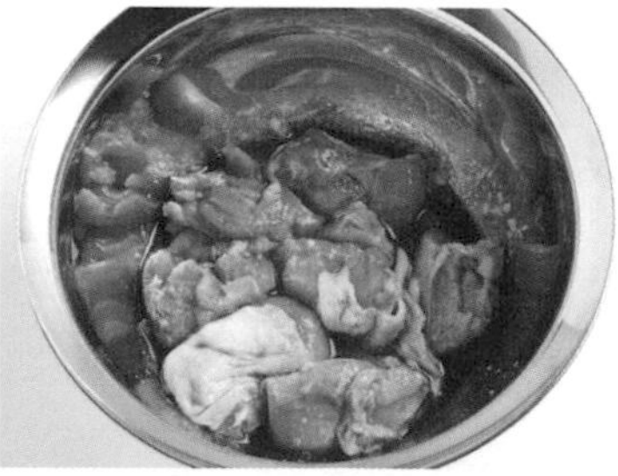

2

將醃好的1的肉、太白粉2大匙放入塑膠袋裡搓揉。

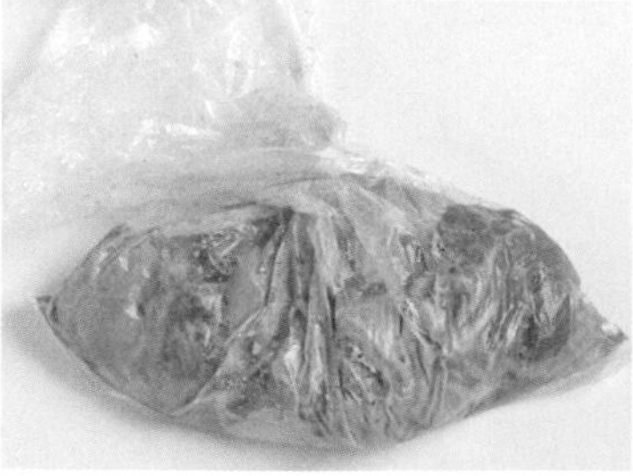

1人份的材料

切塊雞腿肉…200g
太白粉…2大匙
軟管裝生薑泥…1大匙
酒…1大匙
醬油…2大匙
沙拉油…炸物鍋約5公分高的量

3

在炸物鍋裡倒入5公分高的油，開中火，加熱到讓滴入的太白粉浮起的溫度（180度）後，放入2。

4

翻動雞肉，油炸5分鐘。

5

先將雞肉從油鍋取出，放在廚房紙巾上靜置2分鐘。

6

再次將雞肉放入油鍋炸2分鐘，使其熟透，然後放在廚房紙巾上稍微瀝去油分。

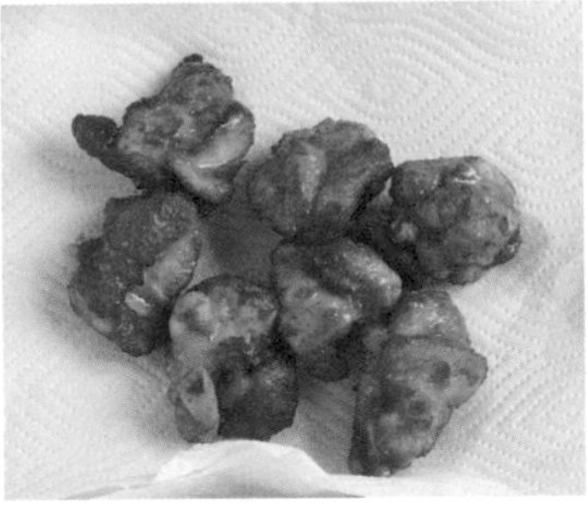

只要能克服噴油的考驗，就能炸出十足美味的炸雞。

小撇步！

雞肉炸兩次，就能變得酥脆又多汁。

香蒜炒飯

大蒜值得更多的矚目！吃了就知道的美味。

1

大蒜1瓣切片，打散1顆雞蛋。平底鍋裡加入芝麻油2大匙加熱，放入蒜片，以大火炒約40秒，直到金黃。

2

加強火力，依蛋液、白飯200g的順序放入鍋中。全速以勺子輕壓白飯的方式快炒。

3

等白飯散開之後，加入胡椒鹽1小匙、醬油2小匙，繼續炒20秒再關火。

1 人份的材料

白飯…200g
大蒜…1瓣
雞蛋…1顆
芝麻油…2大匙
胡椒鹽…1小匙
醬油…2小匙

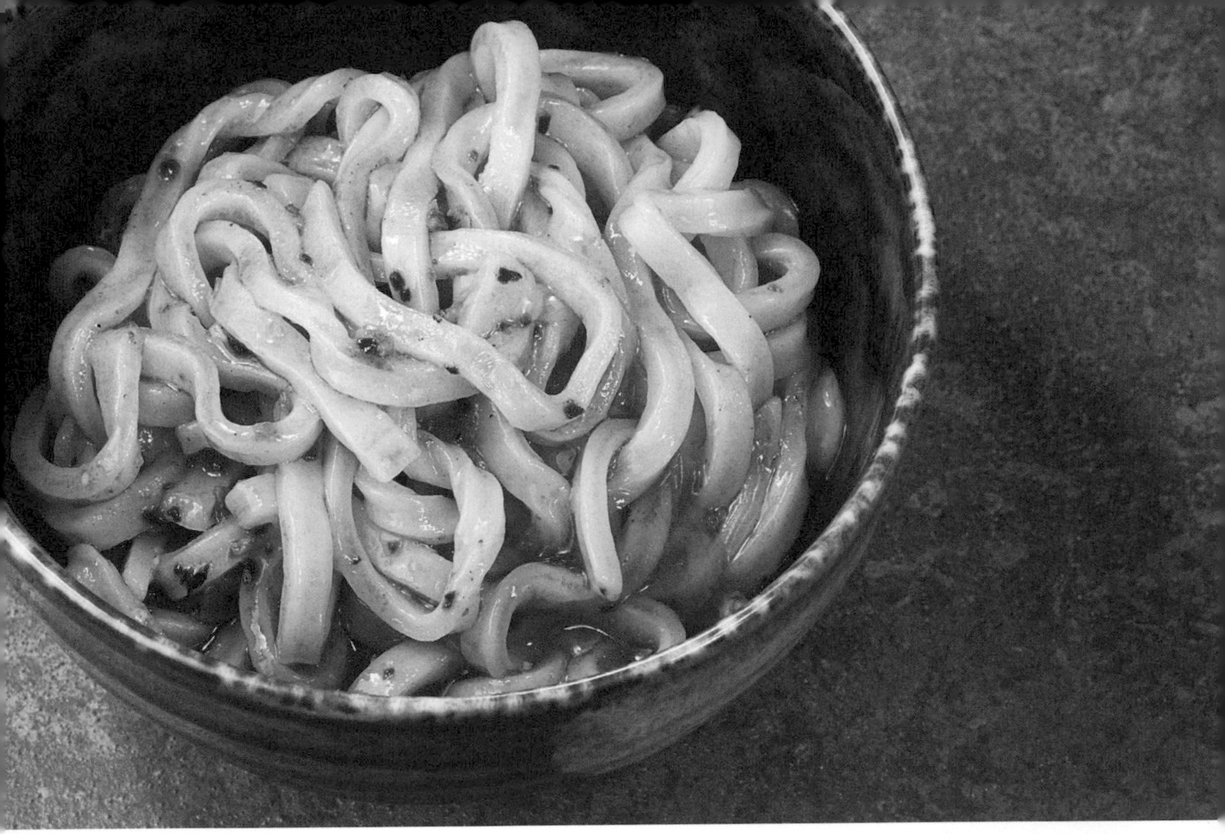

濃郁！釜玉烏龍麵

雞蛋與辣油，讓烏龍麵一口接一口！
而且烏龍麵直接用微波爐解凍即可，超輕鬆！

1

冷凍烏龍麵1人份用微波爐（500W）加熱4分10秒。打散1顆雞蛋。

2

將1的烏龍麵放入容器。

3

將1的蛋液、辣油1大匙、麵味露1大匙加入2拌勻。

1人份的材料

冷凍烏龍麵…1人份
雞蛋…1顆
辣油…1大匙
麵味露…1大匙

成功率百分百的生巧克力

簡單卻美味的生巧克力。不管是一個人獨享還是送禮，都同樣甜在心裡。

1

在鍋中倒入生奶油65ml，以小火加熱約1分30秒，直到稍微起泡。

2

稍微起泡後，立即熄火。

1人份的材料

黑巧克力…130g
生奶油…65ml
可可粉…喜好的分量

3

將剝碎的巧克力130g放入2，維持熄火，用筷子攪拌。

4

巧克力融化後，倒入鋪上保鮮膜的容器，蓋上蓋子，在冰箱裡靜置半天。

5

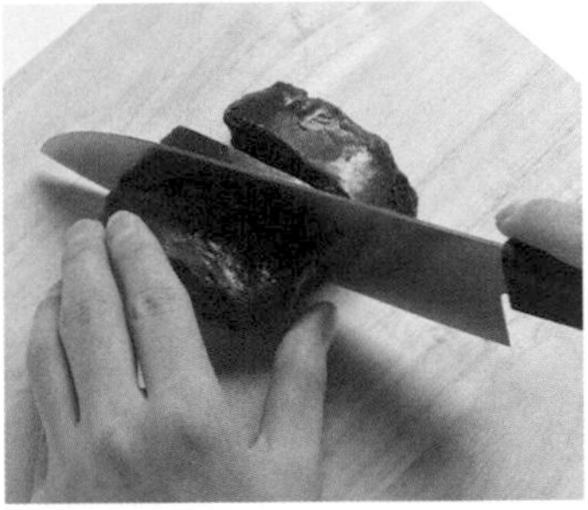

菜刀浸泡熱水，以廚房紙巾擦乾後，將巧克力切成想要的形狀。

6

用湯匙撒上喜好分量的可可粉。

小撇步！

將牛奶200ml倒入沾上巧克力的鍋子，邊攪拌邊加熱，就完成了一杯熱巧克力。

好餓的灰熊の
料理秘技

「洋蔥和紅蘿蔔在炒之前先加熱三～五分鐘，即可大幅節省炒的時間！」

如果用平底鍋加熱洋蔥或紅蘿蔔，需要不少時間。其實食材只要最後熟了，而且好吃，不管用什麼方法處理都是一樣的。因此只要利用微波爐，在炒或煮之前預先加熱，就可以大幅縮短烹飪時間。

用火加熱的話，必須全程盯著，而且不管再怎麼小心，有時候還是會焦掉。但如果用微波爐加熱，就可以避免這些問題，因此這本食譜中，只要是可以利用微波爐的步驟，就會盡量使用，以達到輕鬆、迅速、確實。

Chapter

2

最快一分鐘即可完成！經典佐酒小菜

對於不常下廚的人來說，「佐酒小菜」感覺門檻很高。
但事實恰恰相反。作者希望讀者可以了解到，其實佐酒小菜才是最適合初學者的料理。
本篇網羅了不必動刀也不必加熱，1分鐘以內即可完成的超省時佐酒小菜，還有看似費工其實簡單，卻又美味無比的下酒菜。

居酒屋風脆小黃瓜

零技術門檻，成品卻有模有樣！

1

小黃瓜1條切去兩端，切成5等分。

2

用菜刀的側面從上方用力壓扁、壓開小黃瓜。

3

將小黃瓜、辣油1大匙、高湯粉1小匙放入大碗中拌勻。

1人份的材料

小黃瓜…1條
辣油…1大匙
高湯粉…1小匙

香蒜酒蒸蛤蜊

以簡單的材料和做法完成的精緻小菜。今晚就以它佐酒來一杯吧！

1

大蒜1瓣切片。

2

平底鍋放入1及橄欖油1大匙，用木鏟以中火炒約2分鐘，直到呈現焦色。

3

將蛤蜊100g和酒150ml加入2，蓋上蓋子，以大火蒸約2分30秒，等待蛤蜊打開。

1人份的材料

吐過沙的蛤蜊…100g
大蒜…1瓣
酒…150ml
橄欖油…1大匙

山葵蟹肉棒

本書最快速料理候補！不必加熱、不必切，只要拌一拌就好！

1

將4條蟹肉棒用手縱向撕成約4等分，放入大碗裡。

2

加入1小匙美乃滋到1裡，直接以小匙攪拌。

3

將2盛入器皿，在中央擠上山葵泥約5mm。

1人份的材料

蟹肉棒…4條
美乃滋…1小匙
軟管裝山葵泥…約5mm

明太子烤茄子

在多汁的茄子片上抹上微辣的明太子美乃滋，香酥又美味！

1

茄子1條清洗後去蒂頭，縱向切成5mm～1公分厚度。

2

將明太子1條（1/2副）放入容器，用湯匙把膜壓破，擠出內容物，加入美乃滋1小匙攪拌。

3

將2塗抹在茄子單面，放入鋪上鋁箔紙的烤箱烤約8分鐘。

1人份的材料

茄子…1條
明太子…1條（1/2副）
美乃滋…1小匙

誘人上癮的鹽高麗菜

撕開並淋上醬汁就完成了！連攪拌都不必！
只要醬汁美味，什麼都好吃！

1

將高麗菜葉4～5片用手撕成一口大小。

2

將撕好的高麗菜放入器皿。

3

淋上牛角美味鹽醬及現磨芝麻。

1人份的材料

高麗菜葉…4～5片
牛角美味鹽醬（牛角旨塩だれ）…喜好的量
現磨芝麻…喜好的量

濃稠起司豆腐

熱呼呼的豆腐配上濃稠的起司，清爽又香濃！
絕佳佐酒良伴！

1

將豆腐1/2塊放入耐熱容器，蓋上1片披薩用起司片。

2

放入微波爐（500W）加熱約2分鐘。

3

淋上醬油1大匙、撒上黑胡椒1～2下。

1人份的材料

嫩豆腐…1/2塊
披薩用起司片…1片
黑胡椒…撒1～2下的量
醬油…1大匙

醋醃章魚

以清爽的調味品嘗章魚和番茄。高雅的一道菜，很適合搭配紅酒或雞尾酒。

1

小番茄5顆切半。

2

將生魚片用的章魚100g切成易食用的大小。

3

將1和2混合，淋上橄欖油2小匙、鹽巴1小撮、醬油1小匙、醋1小匙，用調理筷拌勻。

1人份的材料

生魚片用章魚…100g
小番茄…5顆
橄欖油…2小匙
鹽巴…1小撮
醬油…1小匙
醋…1小匙

山葵醬油淋山藥

冰涼爽脆的山藥淋上醬油和山葵即可完成，簡單卻特出的美味。

1

山藥80g稍微洗過，在流水底下邊沖水邊削皮。

2

山藥切成約4號電池大小，放入器皿。

3

在2淋上醬油2小匙，中央擠上約5mm的山葵泥。

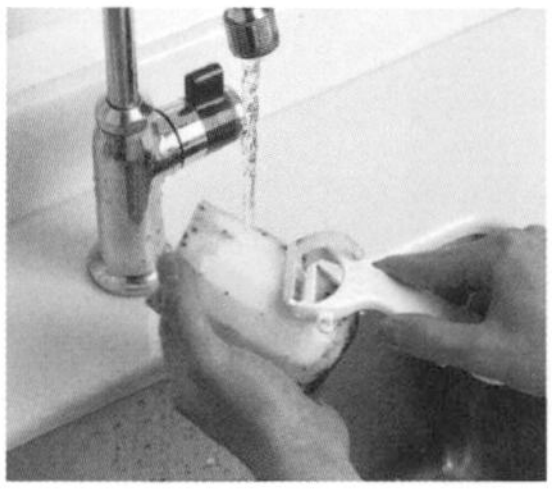

1人份的材料

山藥…80g
醬油…2小匙
軟管裝山葵泥…約5mm

橄欖油香蒜豆腐

香辣&健康的橄欖油香蒜風味豆腐料理。鹹味非常下酒！

1

將豆腐1/2塊切成一口大小。

2

將紅辣椒1根切成約1mm厚度的圓片並去籽。大蒜1瓣切片。

3

平底鍋內放入橄欖油2大匙，加上1的豆腐、2的紅辣椒和大蒜、胡椒鹽1小撮、醬油1小匙，並以木鏟輕輕混合，以中火炒約3分鐘，直到豆腐呈現金黃色。

1人份的材料

豆腐…1/2塊
大蒜…1瓣
紅辣椒…1根
橄欖油…2大匙
胡椒鹽…1小撮
醬油…1小匙

Chapter

3

終極番茄紅醬

本書介紹了合計共一百道的料理，其中只有本章有些特殊。
因為本章是本書中唯一的「醬料」食譜。不是料理，因此無法直接食用（雖然很好吃）。
不過我可以保證，此番茄紅醬的用途之廣泛，遠遠凌駕其他的食譜。它可以運用在義大利麵、披薩、湯品、焗飯、焗烤等一切與番茄味道搭配的料理，並可大幅提升料理的美味度。

世界第一美味的番茄紅醬秘方

在本章，作者要介紹傾盡心血鑽研得到的番茄紅醬秘方。

番茄紅醬最大的特色，在於它近乎異常的萬用性。番茄紅醬本身就可以用來調味，但不僅如此，還可以拿來當作番茄肉醬、法式多蜜醬、披薩醬的材料混合，或取代一般番茄醬，加入漢堡或做為熱狗沾醬，或運用在義大利漁夫麵、番茄白酒蛤蜊義大利麵、義式蔬菜湯、焗飯、千層麵、焗烤等許多料理上。

「如果可以做出超好吃的番茄紅醬，使用番茄紅醬的每一道料理，不就都會變得超級美味了嗎！」

發現這個事實後，作者就像十六頁的溏心蛋那樣，開始不斷地摸索實驗。

整粒番茄罐頭與洋蔥的比例、蒜頭的切法、調味料的分量等等，作者嘗試了一切讓紅醬變好吃的可能性。

【秘訣1】

襯托出絕妙甜味的洋蔥黃金比例

要做出美味的番茄紅醬，關鍵是如何巧妙地釋放出洋蔥的甘甜。

為了找出甜味最為順口的比例，作者多次調整洋蔥的分量。

一開始以為放愈多洋蔥，應該就會愈甘甜，丟了2顆下去，結果番茄紅醬變得太甜，味道反而令人生膩。

2顆不行……那減少一點，放1顆半……換1顆看看……7/8顆呢……？

就像這樣，在反覆實驗之後，作者終於研究得出，切丁番茄罐頭1罐與洋蔥的黃金比例是：

番茄罐頭1罐（400g）

洋蔥約1/4顆（39g）

【秘訣2】

靠起司粉來創造濃郁感

要做出美味的番茄紅醬，關鍵是如何巧妙地釋放出洋蔥的甘甜。

番茄與洋蔥的比例達到完美平衡的狀態，就已經頗為美味了，但總覺得有點怪怪的，好像少了什麼。

為了查出究竟少了什麼，只能不斷地試味道，最後發現這樣的番茄紅醬——

決定性地缺少濃郁感。

為了創造濃郁感，這回作者不斷地加入各種調味料及食材嘗試。

牛奶、奶油、番茄醬、伍斯特醬、牛脂……

即使呈現出某種程度的濃郁感，但只要嘗起來不太對勁，就視為未完成，繼續挑戰，最後終於成功發現，只要加入起司粉，就可以創造出只憑洋蔥和番茄無法完全呈現的濃郁滋味。

番茄紅醬終於大功告成！以下便是這份以鍥而不舍的精神完成的番茄紅醬食譜。

世界第一美味的番茄紅醬秘方

歷經無數次研究實驗而總算完成的完全版番茄紅醬食譜。

1

洋蔥1/4顆、大蒜1瓣切碎。

2

在平底鍋倒入橄欖油3大匙，加入大蒜，以小火炒15分鐘。

1人份的材料

切丁番茄罐…1罐（400g）
大蒜…1瓣
洋蔥…1/4顆
橄欖油…3大匙
起司粉…2大匙
胡椒鹽…2小匙

3

在2加入洋蔥，以文火炒15分鐘。

4

加入切丁番茄罐1罐及起司粉1大匙，以中火煮約4分鐘，直到醬汁高度減少至約3/4。

5

熄火，靜置20分鐘。

6

加入起司粉1大匙、胡椒鹽1小匙調味。

小撇步！

加入起司粉，就可以讓番茄紅醬的風味變得更有深度。

番茄紅醬神力事件

老實告訴各位，作者是個只要遇到一點點好事，就可以開心個十天的超級樂天派。這段期間，情緒通常都會異常亢奮，馬力十足地洗衣打掃。這份番茄紅醬食譜，就和前面的溏心蛋一樣，嘔心瀝血總算成功，完成的時候，當然忍不住整個人手舞足蹈。

然後，作者在這份神秘的亢奮驅使之下，付諸實行了某件事。也就是以番茄紅醬為靈感，製作「以番茄為主角的App」這個乍看之下魯莽而瘋狂的點子。總而言之，作者在這股番茄紅醬神力的驅使下，完成了手機App，主角的名字就叫作「番茄狗先生！」，疑似是番茄的妖精。

番茄狗先生！
超難橫向捲軸死亡遊戲

製作：好餓的灰熊
價格：免費

番茄狗療癒系
廚房計時器

製作：好餓的灰熊
價格：免費

以番茄狗先生做為主角的App共有兩款。

第一款：「番茄狗先生！超難橫向捲軸死亡遊戲」（トマ犬さん！激ムズ横スクロール死にゲー）

番茄狗先生會在實景拍攝的香蕉、平底鍋、七味唐辛子等物體上前進。別看番茄狗很可愛，這可是一款難到爆的遊戲。結局會根據前進的距離而改變，總共有超過十種以上的結局！

全部看完的話，番茄狗度會變成100%，但實在太難了，我猜除了作者我本人以外，應該沒有人能玩到100%。要是有人成功破關，請務必聯絡我一下。

第二款：「番茄狗療癒系廚房計時器」（トマ犬さんの癒し系キッチンタイマー）

這款App是功能簡單的廚房計時器。

我想應該不需要，不過只要手機電池撐得住，可以計時到99小時（約4天）。

以上便是番茄紅醬神力事件。

Chapter

4

義大利麵、拉麵……琳琅滿目的麵類

我想對於獨居的人來說，麵類應該可以說是最強的好夥伴食材。首先麵非常便宜，量販超市的話，隨便就可以買到5公斤1000日圓以下的價格，便宜到不行！再來就是方便。麵類即使只煮一人份，也很容易調整煮的分量，超級好處理！而且好吃！
麵類最大的優勢，在於可以發揮的彈性非比尋常。
本章要介紹的，就是徹底發揮義大利麵、烏龍麵、中式拉麵（鹼麵）潛力的十六道食譜。

世界第一美味的
義大利麵煮法

1. 先泡水 1 小時！

先將義大利麵泡水1小時，就可以煮出口感Q彈、宛如生義大利麵般的成品。
此外，泡過水的義大利麵，只需1~2分鐘就可以煮熟，速度驚人，不僅省時，還可以節省瓦斯費！

2. 煮麵的時候使用 2 公升的水和 35g 的鹽巴！

煮100g的義大利麵時，只需以這個比例的水和鹽巴去煮麵，就能讓義大利麵帶有絕妙的鹹味，並且Q彈有嚼勁。

3. 麵要等到醬汁完成後再煮！

如果同時煮麵又做醬汁，要是麵先煮好，就會軟掉了。
為了避免失敗，確實地完成一道美味的義大利麵，務必先做好醬汁後，再來動手煮麵。

義大利風蛋黃烏龍麵

濃郁的奶香蛋黃！滑溜的烏龍麵！
真正美味無比，請務必一試。

1

將冷凍烏龍麵1人份以微波爐（500W）加熱4分10秒。

2

在尚未加熱的平底鍋內倒入牛奶150ml、起司粉1大匙、雞湯粉1小匙，以中火煮40秒，沸騰後熄火。加入烏龍麵，以小火拌勻。

3

將2盛入器皿，中央放上1顆蛋黃，撒上1～2下的胡椒鹽（蛋先打在碗裡，再以湯匙舀出蛋黃，很容易就可以成功）。

1人份的材料

- 冷凍烏龍麵…1人份
- 牛奶…150ml
- 雞蛋…1顆
- 雞湯粉…1小匙
- 起司粉…1大匙
- 胡椒鹽…撒1～2下的量

瞬間擊退感冒的鍋燒烏龍麵

最想趁熱享用的鍋燒烏龍麵，與豐富的蔬菜一同溫暖身心。

1

白菜1片，切成一口大小放入鍋中，加入水300ml、麵味露100ml，以中火熬煮約4分鐘。接著加入冷凍烏龍麵1人份，及軟管裝生薑泥1小匙。

2

續煮1分30秒後，轉成小火，打入1顆蛋，蓋上蓋子。

3

維持小火，偶爾察看一下鍋內，直到蛋凝固成喜好的硬度（約為1分～1分30秒）。

1人份的材料

冷凍烏龍麵…1人份
雞蛋…1顆
白菜葉…1片
水…300ml
麵味露（2倍濃縮）…100ml
軟管裝生薑泥…1小匙

橄欖油香蒜烏龍麵

口感是鍋燒烏龍麵！味道是橄欖油香蒜義大利麵！香脆的大蒜令人讚不絕口！

1

將冷凍烏龍麵1人份放入微波爐（500W）加熱4分10秒，等待期間將大蒜2瓣切成薄片。

2

在尚未加熱的平底鍋放入大蒜片與橄欖油2大匙，以中火炒約1分30秒，直到炒出焦色。

3

轉成小火，將1的烏龍麵放入平底鍋，撒上1～2下的胡椒鹽拌勻。

1 人份的材料

冷凍烏龍麵…1人份
大蒜…2瓣
橄欖油…2大匙
胡椒鹽…撒1～2下的量

蔬菜滿點的滑蛋烏龍麵

熱騰騰的烏龍麵配上滑嫩的雞蛋，加入蔬菜，營養滿點！

1

洋蔥1/2顆切片，紅蘿蔔1/2根切成扇形片狀，雞蛋1顆打散。

2

鍋中放入水300ml、切好的洋蔥和紅蘿蔔，以中火煮3分30秒。這段期間，將水2大匙及太白粉2大匙在其他容器攪拌至完全溶化（如照片）。

3

在2的鍋中放入冷凍烏龍麵與麵味露100ml，並維持中火續煮1分30秒。接著倒入太白粉水輕輕混合勾芡，最後將蛋液以旋轉方式倒入鍋中，輕輕攪拌。

1人份的材料

冷凍烏龍麵…1人份	麵味露（2倍濃縮）…100ml
雞蛋…1顆	太白粉…2大匙
紅蘿蔔…1/2根	水（湯用）…300ml
洋蔥…1/2顆	水（太白粉用）…2大匙

三色烏龍涼麵

只需要麵味露、醋和水，卻美味驚人！
配上三種簡單的配料，享用滑溜溜的烏龍麵。

1

冷凍烏龍麵1人份以微波爐（500W）加熱4分10秒。等待期間，將小黃瓜切成約5公分長的絲。

2

將1的烏龍麵放入瀝網，淋上冷水使麵體緊實，然後盛入器皿。

3

將揚玉10g、魩仔魚10g、切好的小黃瓜絲放上去。在其他容器放入麵味露3大匙、醋1大匙、水2大匙混合，均勻地淋上去。

1人份的材料

- 冷凍烏龍麵…1人份
- 小黃瓜…約5公分長
- 揚玉（炸麵衣的顆粒）…10g
- 魩仔魚…10g
- 水…2大匙
- 麵味露（2倍濃縮）…3大匙
- 醋…1大匙

羅馬風培根蛋麵

只需要蛋黃、雞湯粉、黑胡椒就能完成培根蛋麵！可不能小看這「羅馬風」。

1

將培根20g切成一口大小的長方形。

2

在平底鍋放入橄欖油2大匙、切好的培根，以中火炒約1分30秒，直至呈現焦色後熄火。煮義大利麵100g。

3

在熄火的2的平底鍋放入瀝去水分的義大利麵、蛋黃1顆、雞湯粉1小匙，迅速拌勻。盛上盤子，撒上黑胡椒1～2下。

1人份的材料

義大利麵…100g	黑胡椒…撒1～2下的量
雞蛋…1顆	雞湯粉…1小匙
培根…20g	橄欖油…2大匙

濃濃海鮮美味的漁夫麵

海鮮、番茄和大蒜，經過無數次研究而成的頭號推薦義大利麵。

1

將大蒜1瓣與洋蔥1/2顆切末。

2

在尚未加熱的平底鍋倒入橄欖油1大匙，放入1的大蒜和洋蔥，以中火炒約2分鐘，直到呈現焦色。

1人份的材料

義大利麵…100g	洋蔥…1/2顆
切丁番茄罐頭…1/2罐（200g）	橄欖油…1大匙
吐過沙的蛤蜊…100g	雞湯粉…1小匙
剝殼蝦…80g	胡椒鹽…1小匙
大蒜…1瓣	酒…150ml

3

在2加入蛤蜊100g與酒150ml，蓋上蓋子，以大火煮2分鐘。

4

等待蛤蜊打開的時候，打開切丁番茄罐頭，用夾子把番茄壓碎。

5

蛤蜊打開後，放入切丁番茄罐頭1/2罐、剝殼蝦80g、雞湯粉1小匙、胡椒鹽1小匙，以中火煮約4分鐘。

6

等待醬汁煮好的期間煮義大利麵100g，以濾網瀝去水分後，把麵加入5的平底鍋，在熄火狀態拌勻。

海鮮類只要用酒煮過，統統都會變好吃。

小撇步！

海鮮類用酒來煮，便能濃縮鮮甜，變得無敵美味。

懷念的日式拿坡里義大利麵

番茄醬、青椒、熱狗合奏出令人懷念的溫柔滋味。

1

青椒1顆切絲，熱狗2條切片。

2

平底鍋加入沙拉油1大匙，放入1，以中火炒約1分30秒，直到呈現焦色後熄火。

3

煮好義大利麵100g，以瀝網瀝去水分，加入2。加入番茄醬2大匙、雞湯粉1小匙，以中火炒1分鐘。

1人份的材料

義大利麵…100g
熱狗…2條
青椒…1顆
沙拉油…1大匙
番茄醬…2大匙
雞湯粉…1小匙

誘人上癮的明太子美乃滋義大利麵

使用一整條明太子，請親自體驗它帶來的滿足感和美味。

1

將明太子1條（1/2副）用湯匙把膜壓破，將內容物擠入碗中。加入美乃滋1大匙攪拌。

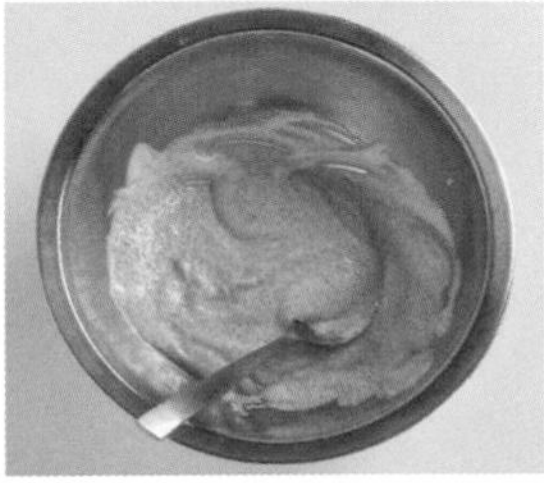

2

煮義大利麵100g，以瀝網撈起瀝去水分。

3

將2放入碗中，加入1的明太子美乃滋拌勻。

1人份的材料

義大利麵…100g
明太子…1條（1/2副）
美乃滋…1大匙

鮮蝦番茄奶油麵

這是本書裡口味最為溫和的義大利麵食譜。溫暖心田的細緻美味。

1

番茄2顆在底部畫十字刀，浸泡熱水30秒。番茄的皮翻開來後，放進冷水冷卻，以手撕去外皮。

2

將去皮的番茄完全剁碎。大蒜1瓣和洋蔥1顆切末。

1人份的材料

- 義大利麵…100g
- 剝殼蝦…40g
- 牛奶…100ml
- 大蒜…1瓣
- 洋蔥…1顆
- 番茄…2顆
- 橄欖油…1大匙
- 雞湯粉…1小匙
- 胡椒鹽…1小匙
- 酒…150ml
- 番茄醬…1大匙

3

加熱前的平底鍋放入橄欖油1大匙，加入切好的大蒜末與洋蔥末，以中火炒約2分鐘，直到呈現焦色。

4

把剝殼蝦40g、酒150ml與剁碎的番茄加入3，蓋上蓋子，以大火煮2分鐘。

5

在4加入牛奶100ml、雞湯粉1小匙、番茄醬1大匙、胡椒鹽1小匙，以中火煮約2分鐘，直到蝦子熟透。

6

煮義大利麵100g，以瀝網瀝去水分後，與5的醬汁拌勻。

小撇步！

新鮮番茄與番茄醬搭配，便可創造出酸味與甜味平衡的美味醬汁。

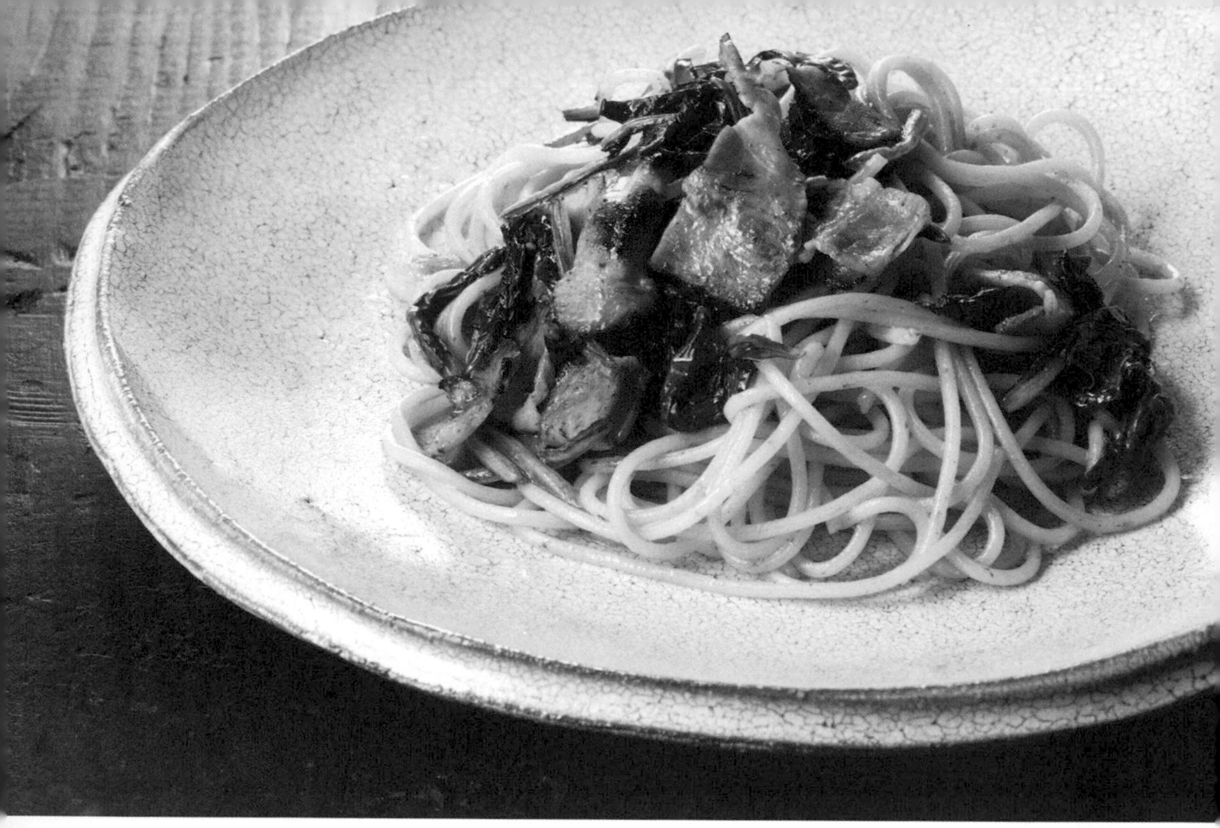

培根菠菜和風義大利麵

醬油、芝麻油、高湯，還有培根與菠菜。
少少的材料，卻超級美味的一道義大利麵。

1

培根35g切成一口大小的長方形，菠菜2株切成約4～5公分長度。

2

平底鍋加入芝麻油1大匙，放入培根與菠菜，以中火炒約2分鐘，直到呈現焦色。

3

煮義大利麵100g，以瀝網撈起，瀝去水分，將義大利麵、高湯粉1小匙、醬油1小匙放入熄火的2的平底鍋拌勻。

1人份的材料

義大利麵…100g	高湯粉…1小匙
培根…35g	醬油…1小匙
菠菜…2株	芝麻油…1大匙

地中海風白酒蛤蜊義大利麵

蛤蜊與大蒜是絕佳拍檔。
和義大利麵一同品嘗這個黃金組合吧！

1

大蒜1瓣切片。平底鍋加入橄欖油1大匙和大蒜片，以中火炒約1分鐘，直到呈現焦色。

2

加入蛤蜊80g與酒150ml，蓋上蓋子，以大火煮約2分30秒，直到蛤蜊打開。

3

煮義大利麵100g，以瀝網撈起，瀝去水分。在熄火的2裡放入義大利麵和胡椒鹽1小匙拌均。

1人份的材料

義大利麵…100g
大蒜…1瓣
吐過沙的蛤蜊…80g
橄欖油…1大匙
酒…150ml
胡椒鹽…1小匙

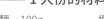

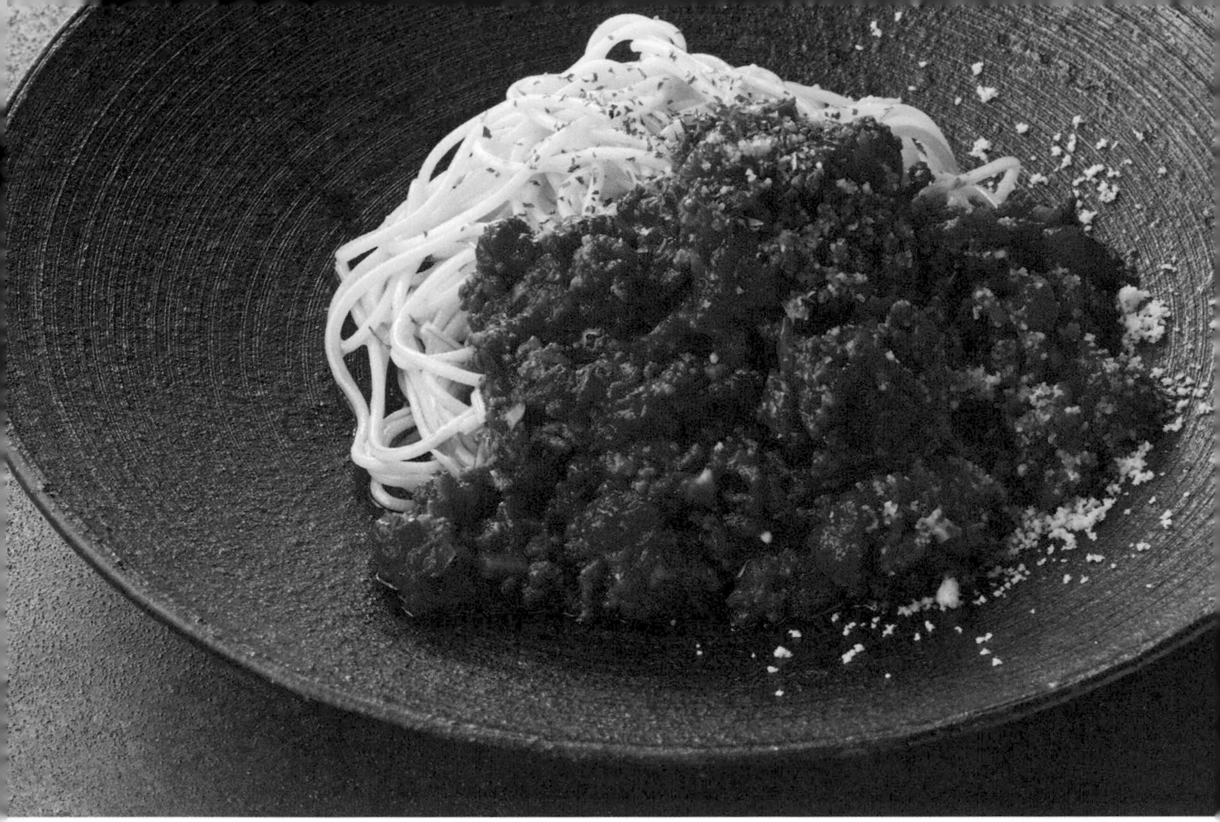

做過一百次的番茄肉醬義大利麵

從高中起便持續改良，作者的義大利麵巔峰之作。

1

洋蔥1/4顆、大蒜1瓣、紅蘿蔔1/2根切末。

2

加熱前的平底鍋倒入橄欖油1大匙，放入1的切末蔬菜，以中火炒約2分鐘，直到呈現焦色。

1人份的材料

義大利麵…100g
大蒜…1瓣
洋蔥…1/4顆
牛絞肉…50g
紅蘿蔔…1/2根
整粒番茄罐頭…1/2罐(200g)
橄欖油…3大匙
雞湯粉…1小匙
胡椒鹽…1小匙
酒…200ml

3

打開整粒番茄罐頭，用夾子在罐中將番茄夾碎。番茄罐頭1/2罐倒入2，以中火煮約4分鐘。

4

在其他平底鍋放入橄欖油2大匙、牛絞肉50g，以中火炒約3分鐘，直到肉變色。

5

在4的平底鍋加入酒200ml，以大火炒約1分鐘，直到肉熟透。將2的平底鍋內容物倒入混合，加上雞湯粉1小匙和胡椒鹽1小匙攪拌。

6

煮義大利麵100g，以瀝網撈起瀝去水分。盛入器皿，淋上5的番茄肉醬。

雖然很喜歡義大利麵，但唯一受不了的就是煮麵時的熱氣。

小撇步！

義大利麵最後再煮，就不怕軟掉，可以完美地和肉醬混合在一起。

香蒜芝麻油和風義大利麵

加入大量大蒜的新感覺健康義大利麵?!樸實簡單，美味卻難以招架。

1

大蒜2瓣切片，在平底鍋加入芝麻油1大匙和大蒜片，以中火炒約1分30秒，直到呈現焦色。

2

煮義大利麵100g，以濾網撈起瀝去水分。

3

將2的義大利麵加入1，再加入麵味露1大匙，以中火攪拌30秒。

1人份的材料

義大利麵…100g
大蒜…2瓣
芝麻油…1大匙
麵味露（2倍濃縮）…1大匙

醬油拉麵

雞湯粉、芝麻油與大蒜，是讓私房拉麵更上一層樓的關鍵。

1

將長蔥1/3根斜切成一口大小（約2～3公分）。

2

在鍋中加入水400ml、醬油2大匙、雞湯粉1小匙、芝麻油1/2小匙、軟管裝大蒜泥2公分、長蔥段，以中火煮至沸騰。

3

沸騰後轉小火，煮4分鐘後加入1球炒麵，加熱約30秒，直到麵體散開。

1人份的材料

炒麵…1球
長蔥…1/3根
水…400ml
醬油…2大匙
雞湯粉…1小匙
芝麻油…1/2小匙
軟管裝大蒜泥…2公分

令人上癮的海鮮鹽醬炒麵

鹽醬與海鮮相映成輝！

豪爽地大啖鮮甜海鮮與炒麵的喜悅就在這裡！

1

大蒜1瓣切片。平底鍋放入沙拉油1大匙、大蒜片、剝殼蝦40g、蛤蜊80g、酒100ml。

2

加蓋後以大火煮約2分鐘。蛤蜊打開後轉為小火，加入炒麵1球。

3

撥散麵體，炒約2分鐘後熄火。加入牛角美味鹽醬1大匙拌勻。

1人份的材料

炒麵…1球
剝殼蝦…40g
吐過沙的蛤蜊…80g
大蒜…1瓣
酒…100ml
牛角美味鹽醬…1大匙
沙拉油…1大匙

Chapter

5

讓餐桌變得更熱鬧！需要時最可靠的配菜

一個人在家吃飯的時候，經常只是煮個白飯，然後配上冷凍食品或買來的熟食。
這種時候我總是希望，如果做配菜的勞力就跟煮白飯一樣簡單就好了。
本篇介紹的，便是這種時候可以輕鬆完成，而且美味的各種配菜。

真鯛薄切生魚片

可以輕鬆展現精緻與料理技巧的一道菜！以某個意義來說，CP值最強！

1

將真鯛1塊斜切成薄片（約一口大小，較薄的生魚片形狀），香芹1小撮切末，番茄1/2顆切成不規則塊狀。

2

在大碗裡放入醋1大匙、橄欖油1大匙、軟管裝大蒜泥2公分拌勻。

3

把1全部倒入2混合。

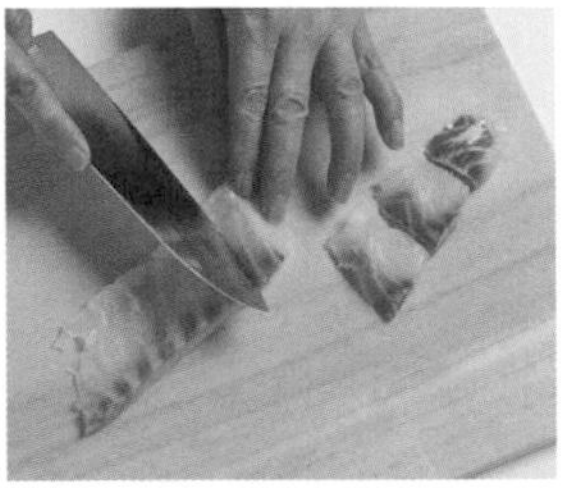

1人份的材料

真鯛（生魚片用）…1塊
番茄…1/2顆
香芹…1小撮
醋…1大匙
橄欖油…1大匙
軟管裝大蒜泥…2公分

大飽足德國薯條

馬鈴薯和培根不管在口感或味道上都是黃金絕配。也可以做為下酒菜。

1

馬鈴薯2顆帶皮切成半月片狀，用微波爐（500W）加熱5分鐘。等待加熱期間，將香芹1撮切末，洋蔥1/2顆切片，培根切成一口大小。

2

平底鍋加入沙拉油1小匙、培根、洋蔥，以中火炒2分鐘後，加入馬鈴薯、胡椒鹽2小撮，再續炒30秒。

3

熄火後，加入切末的香芹拌勻。

1人份的材料

馬鈴薯…2顆
培根…20g
洋蔥…1/2顆
香芹…1小撮
胡椒鹽…2小撮
沙拉油…1小匙

香酥鬆軟可樂餅

現炸的味道與眾不同。如果想吃剛起鍋的可樂餅，自己動手做是最棒的！

1

馬鈴薯2顆削皮，切成一口大小，以微波爐（500W）加熱約7分鐘。等待期間，將洋蔥1/2顆切末。

2

平底鍋放入洋蔥、沙拉油1小匙，以中火炒2分鐘後熄火。

3

在碗內放入1的馬鈴薯，用湯匙或馬鈴薯壓泥器搗碎。

1 人份的材料

- 馬鈴薯…2顆
- 洋蔥…1/2顆
- 麵包粉…1/2杯
- 雞蛋…1顆
- 胡椒鹽…撒1下的量
- 沙拉油…炸物鍋約5公分高度的量+1小匙
- 麵粉…1大匙

4

在3的大碗裡加入洋蔥攪拌之後，分成3等分，捏成橢圓狀。在容器中放入麵粉1大匙、雞蛋1顆，胡椒鹽撒1下，攪拌均匀，製作蛋液。

5

淺盤鋪滿麵包粉，將橢圓狀的馬鈴薯均勻沾上4的蛋液後，裹上淺盤裡的麵包粉。

6

在炸物鍋放入高度約5公分的油，開中火。加熱到丟進麵包粉會浮起來的溫度（180度）後，放入5，以中火油炸約3分鐘，直到變成焦黃色，撈起來放到廚房紙巾上，吸去多餘油分。

小撇步！

馬鈴薯剛加熱完畢後立刻搗碎，口感就會變得綿密滑順。

超下酒的生竹筴魚泥

真的太簡單，卻又太好吃！
忘不了第一次製作品嘗時的感動。

1

將生魚片用的竹筴魚2片用菜刀剁成泥狀。青紫蘇葉1片、大蒜1/2瓣、長蔥10公分切末。

2

在大碗放入竹筴魚、青紫蘇葉、大蒜、長蔥、味噌1小匙、醬油5滴。

3

將大碗中的食材混合。

1人份的材料

生魚片用竹筴魚…2片
青紫蘇葉…1片
大蒜…1/2瓣
長蔥…10公分
味噌（喜歡的種類）…1小匙
醬油…5滴

大蒜橄欖油鍋

滿滿的橄欖油和大蒜。希望大家發現這個簡單搭配的美味！

1

大蒜2瓣切片。在平底鍋倒入橄欖油5大匙和大蒜片，以小火炒約4分30秒。

2

待大蒜片炒至酥脆，加入胡椒鹽1小匙熄火。

3

將2倒入有深度的容器，沾上烤過的吐司食用。

1人份的材料

大蒜…2瓣
吐司…1片
橄欖油…5大匙
胡椒鹽…1小匙

茄子水餃皮簡易千層麵

熱呼呼又濃郁，一層又一層的美味。
創意與細心聯手打造的美味千層麵。

1

平底鍋加入奶油1小匙，以小火融化。加入麵粉1大匙，用小火以料理筷拌炒約1分鐘，直到變成淡金黃色。

2

維持小火，分次倒入少許牛奶共150ml，攪拌約2分鐘，直到質地變得滑順後熄火。

1人份的材料

水餃皮…2片
番茄肉醬罐頭…150g
牛奶…150ml
茄子…1條
披薩用起司…2小撮
奶油…1小匙
麵粉…1大匙

3

茄子1條去蒂頭，切成一半的長度後，再縱切成3～4片，用其他平底鍋以中火煎約1分鐘。

4

耐熱皿從下往上，依序放入2的一半白醬、3的茄子、一半的番茄肉醬。

5

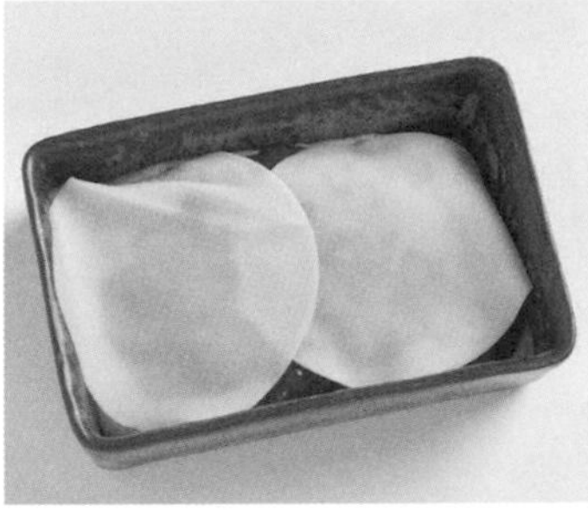

在4的上面鋪上水餃皮2片，淋上剩餘的白醬及剩餘的番茄肉醬。

6

最後在整體撒上披薩用起司2小撮，放入以200度預熱的烤箱烤約10分鐘。

有時也會使用市售的醬汁。

小撇步！

番茄肉醬自己做很麻煩，因此直接使用市售品，而簡單的白醬則自己動手做，來提升整體的CP值。

鬆軟辣油大蒜歐姆蛋

微辣口味的歐姆蛋。雞蛋與辣油做成的歐姆蛋，不用加番茄醬就美味十足。

1

將雞蛋2顆與辣油1大匙混合在一起。

2

在平底鍋放入沙拉油1大匙，以中火加熱，倒入1的蛋液，轉大火，用料理筷迅速攪拌，煎約20秒。

3

一面煎，一面調整歐姆蛋的形狀。

1人份的材料

雞蛋…2顆
辣油…1大匙
沙拉油…1大匙

秋刀魚和高麗菜的香脆沙拉

令人著迷的淡淡鹹味，香脆美味的酥煎秋刀魚！也可以拿來佐酒的一道沙拉。

1

高麗菜葉3～5片切寬絲，與鹽巴2小撮一起放入塑膠袋中輕輕搓揉。

2

秋刀魚1/2條切成約2×2公分易食用的大小。平底鍋加入沙拉油1大匙，放入秋刀魚，以大火煎兩面約2分30秒，直到熟透。

3

將1的高麗菜盛入器皿，上面擺上2煎好的秋刀魚，將薄鹽口味洋芋片4片捏碎，均勻撒上。

1人份的材料

- 秋刀魚（去頭去尾去骨的肉片）…1/2片
- 高麗菜葉…3～5片
- 洋芋片薄鹽口味…4片
- 鹽巴…2小撮
- 沙拉油…1大匙

涼拌高麗菜沙拉

黃芥末美乃滋讓人一口接一口！
當成小菜、佐酒，或是瘦身餐都非常適合。

1

高麗菜葉大片約3片切絲。切好的高麗菜以微波爐（500W）加熱1分鐘。

2

用廚房紙巾抹去高麗菜的出水。

3

將2的高麗菜與美乃滋1大匙、軟管裝黃芥末2公分、撒2下的胡椒鹽混合均勻。

1人份的材料

高麗菜葉…大片約3片
美乃滋…1大匙
軟管裝黃芥末…2公分
胡椒鹽…撒2下的量

一分鐘即可完成的軟嫩溫泉蛋

本書最快速食譜候補之一。只需要容器、湯匙和微波爐即可完成，請務必挑戰看看！

1

在較小的容器裡依序放入水1大匙、雞蛋1顆。

2

以微波爐（500W）一邊觀察一邊加熱約30～60秒，直到蛋白凝固，蛋黃即將凝固的狀態。

3

將容器裡剩餘的水倒掉，淋上麵味露1小匙。

1人份的材料

雞蛋…1顆
水…1大匙
麵味露（2倍濃縮）…1小匙

好餓的灰熊の
料理秘技

「想要攝取大量蔬菜時，
就把剩下的蔬菜統統丟進湯裡吧！」

一個人獨居或一人份食譜，很容易造成蔬菜攝取不足。由於每次都只使用少量蔬菜，像是紅蘿蔔1/4根或洋蔥1/4顆，所以會剩下一堆，而且要如何將這些少量的蔬菜運用在料理中，也意外地頗教人頭疼。

這種時候，可以將剩下的蔬菜統統丟進味噌湯等湯品或火鍋裡面。在湯品和火鍋裡加入大量的蔬菜，不僅蔬菜的甘甜可以提升美味，還可以一口氣攝取到許多蔬菜，營養滿點，又可以清除快過期的多餘蔬菜，真是一箭三鵰。由於每次剩下的蔬菜不同，還可以讓平日的湯品和火鍋口味出現變化，樂趣無窮。如果覺得「最近蔬菜好像吃得不夠多」，就來道菜料豐富的湯品，暖和身心吧！

Chapter

6

一道菜解決一餐！飯類

能與麵類並稱「便宜、簡單、好吃」料理兩大天王的，非飯類莫屬了。
世界各地的米飯料理，可能性可說是無限大。蛋包飯、親子丼、西班牙海鮮燉飯、義大利燉飯、雜炊粥、飯糰以及炒飯……
肚子餓的時候，就是特別想吃熱騰騰的飯。這裡蒐集了十二道作者滿懷自信推薦的飯類料理。

軟嫩蛋包飯

雞蛋與番茄醬的組合天下無敵！如果想要輕鬆享受飯類料理，蛋包飯是最佳首選！

1

洋蔥1/2顆、紅蘿蔔1/2根切末，以微波爐（500W）加熱4分鐘。雞蛋2顆打散。

2

平底鍋放入奶油1小匙、牛絞肉20g，以中火炒約2分30秒，直到熟透。

1人份的材料

洋蔥…1/2顆
紅蘿蔔…1/2根
牛絞肉…20g
白飯…200g
雞蛋…2顆
胡椒鹽…撒1下的量
雞湯粉…1小匙
奶油…1小匙
番茄醬…2大匙＋喜好的量
沙拉油…1大匙

3

加入1的洋蔥末及紅蘿蔔末，以中火炒約30秒。

4

加入白飯200g、番茄醬2大匙、胡椒鹽撒1下的量、雞湯粉1小匙，以中火炒約1分鐘，盛入容器。

5

平底鍋倒入沙拉油1大匙，以中火加熱後，慢慢地倒入1的蛋液，使其擴散成圓形。

6

以中火只煎一面約20秒，待看起來半熟後，覆蓋在4上，淋上喜好的量的番茄醬。

我是太愛番茄醬了才會擠一堆，真的不是擠失敗喔！

小撇步！

用番茄醬在蛋包飯上寫什麼字，對味道都不會有影響。

雞胸肉親子丼

雞肉與雞蛋超級下飯！
享受這一碗丼飯就能帶來的幸福時光吧！

1

洋蔥1/2顆切薄片，雞胸肉100g切成一口大小。平底鍋倒入沙拉油1大匙，放入洋蔥和雞胸肉，以中火炒約3～4分鐘，直到熟透。

2

在1加入水100ml、酒1大匙、砂糖1大匙、醬油1大匙、高湯粉1小匙，以中火邊攪拌邊煮約3分鐘。

3

打散雞蛋2顆，蛋液均勻淋上2，蓋上蓋子。以小火煮約1分鐘，直到雞蛋呈半熟狀態，淋在白飯200g上。

1人份的材料

雞胸肉…100g	砂糖…1大匙
雞蛋…2顆	醬油…1大匙
洋蔥…1/2顆	沙拉油…1大匙
白飯…200g	高湯粉…1小匙
酒…1大匙	水…100ml

超美味鮮蝦奶油飯

清爽的抓飯風米飯，配上Q彈的鮮蝦，胃袋飽足心滿足！

1

雞蛋1顆打散，大蒜1瓣切片。平底鍋放入奶油1小匙、大蒜片、剝殼蝦40g，以中火炒2分30秒。

2

蝦子熟了之後，加入奶油1小匙、蛋液、白飯200g以及牛角美味鹽醬1大匙。

3

轉大火，以湯勺底部將飯粒壓散，快速拌炒約1分鐘。

1人份的材料

剝殼蝦…40g
雞蛋…1顆
白飯…200g
大蒜…1瓣
牛角美味鹽醬…1大匙
奶油…2小匙

鹽蔥大蒜雞肉丼

鹽蔥！大蒜！雞肉！全部加在一起，就成了最美味的丼飯！

1

大蒜1瓣切片，雞腿肉100g、長蔥10公分切成一口大小。

2

平底鍋加入沙拉油1大匙、1切好的材料，以中火炒到雞肉完全熟透（約4～6分鐘）。

3

熄火，加入牛角美味鹽醬2大匙拌勻，倒在白飯200g上。

1人份的材料

雞腿肉…100g	白飯…200g
長蔥…10公分	沙拉油…1大匙
大蒜…1瓣	牛角美味鹽醬…2大匙

咖哩海鮮燉飯

海鮮咖哩般的辛辣與鮮甜所打造出來的美味海鮮燉飯。

1

大蒜1瓣切片。

2

平底鍋加入橄欖油1大匙、大蒜，以小火炒3分鐘。加入蛤蜊7～8顆、剝殼蝦30g、酒100ml，蓋上蓋子，以大火煮2分鐘。

3

蛤蜊打開後，轉小火，加入咖哩粉1大匙、雞湯粉1小匙、白飯200g混合。

1人份的材料

白飯…200g
大蒜…1瓣
吐過沙的蛤蜊…7～8顆
剝殼蝦…30g
咖哩粉…1大匙
橄欖油…1大匙
雞湯粉…1小匙
酒…100ml

餘味不絕的辛辣！麻婆雜炊粥

用麻婆豆腐醬料包做雜炊粥?!滑嫩的雞蛋與熱呼呼辣滋滋的麻婆粥是絕配！

1

勾芡粉（麻婆豆腐醬料包附屬）1.5人份與水1大匙拌勻。雞蛋1顆打散。平底鍋加入水90ml、麻婆豆腐醬料包1.5人份，以中火加熱約2分鐘，直到沸騰。

2

白飯100g稍微用水沖過，與1融化的勾芡粉一起放入平底鍋，以中火邊攪拌邊加熱。

3

沸騰後，以畫圈方式倒入蛋液，蓋上蓋子，等待30秒～1分鐘。

1人份的材料

麻婆豆腐醬料包…1.5人份
雞蛋…1顆
白飯…100g
水（雜炊粥用）…200ml
麻婆豆腐醬料包附的勾芡粉…1.5人份
水（麻婆豆腐醬料包用）…1大匙

終極義大利燉飯

真正終極版。即使是簡單的材料，也能憑著創意組合，做出令人讚不絕口的義大利燉飯。

1

洋蔥1/2顆切末。平底鍋加入沙拉油1大匙和洋蔥，以中火炒3分鐘。

2

在1加入牛奶100ml、雞湯粉1小匙，維持中火，邊攪拌邊煮約2分30秒，直到牛奶沸騰。

3

加入白飯150g，維持中火攪拌約1分30秒後，盛入器皿。撒上起司粉3～4下。

1人份的材料

白飯…150g
洋蔥…1/2顆
牛奶…100ml
雞湯粉…1小匙
沙拉油…1大匙
起司粉…撒3～4下的量

以真鯛製作的鯛魚茶泡飯

鯛魚、白飯、水、高湯，只需要這些材料。可以盡情品嘗鯛魚美味，滋味溫柔的一道料理。

1

將真鯛7片切成斜薄片。

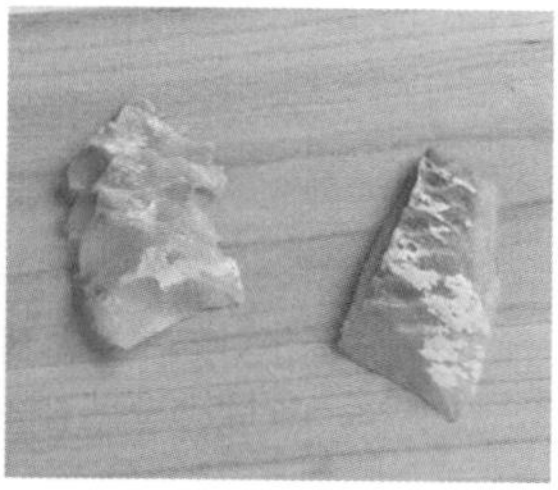

2

鍋子放入水150ml與高湯粉1小匙，以大火煮約2分鐘，直到沸騰。

3

在白飯150g上放上1的鯛魚片，再淋上沸騰的高湯。

1人份的材料

真鯛（生魚片用）…7片
白飯…150g
水…150ml
高湯粉…1小匙

起司烤飯糰

一顆飯糰就可以滿足整個胃袋。等待起司在烤箱裡融化的時光最幸福了！

1

以沾濕的手將白飯150g捏成飯糰狀。

2

在1的單面淋上醬油1小匙，蓋上披薩用起司片1片。

3

烤箱鋪上鋁箔紙，放上2，烤約6～7分鐘，直到起司變成微焦的狀態。

1人份的材料

白飯…150g
披薩用起司片…1片
醬油…1小匙

辣油微辛炒飯

讓人停不下來的香辣美味炒飯！一口氣完成，一口氣享用！

1

雞蛋1顆打散，與辣油2大匙混合。

2

在大火加熱後的平底鍋放入沙拉油2大匙，以旋轉方式倒入蛋液，緊接著加入白飯200g，以湯勺底壓散飯粒，快速拌炒約1分鐘。

3

飯粒鬆開後，加上胡椒鹽1小匙。

1人份的材料

白飯…200g
雞蛋…1顆
辣油…2大匙
胡椒鹽…1小匙
沙拉油…2大匙

超美味沙丁魚蒲燒丼

向世人推廣沙丁魚的美味！甜醬超級下飯！

1

在容器裡放入酒1大匙和醬油1.5大匙、砂糖1大匙攪拌均勻，製作醬汁。將麵粉2大匙均勻地抹在2條去骨切開的沙丁魚上。

2

平底鍋加入沙拉油1大匙，加熱後將沙丁魚的兩面以中火各煎45秒，共計約1分30秒，直到熟透。熄火後把沙丁魚均勻沾裹上1的醬汁。

3

將2的沙丁魚放在白飯150g上，淋上平底鍋剩餘的醬汁3大匙即完成。

1人份的材料

沙丁魚去骨切開…2條
白飯…150g
酒…2大匙
醬油…1.5大匙
砂糖…1大匙
麵粉…2大匙
沙拉油…1大匙

蛤蜊巧達義大利燉飯

蛤蜊的鮮汁與溫潤的牛奶融合在一起……做法也很簡單，大力推薦的一道料理。

1

平底鍋放入蛤蜊100g、酒100ml，蓋上蓋子，以大火煮2分鐘。

2

蛤蜊打開後，加入牛奶100ml、雞湯粉1小匙。以中火邊攪拌邊加熱約2分鐘，直到沸騰。

3

沸騰後加入白飯150g攪拌。

1人份的材料

吐過沙的蛤蜊…100g
白飯…150g
牛奶…100ml
酒…100ml
雞湯粉…1小匙

Chapter

7

漢堡排！薑燒肉！光是動手做就令人口水直流的肉類料理！

「今天一定要吃肉！」「想要吃肉吃到飽！」「想要配上熱呼呼的白飯，大口吃肉！」自己做的肉類料理，可以一次滿足這些願望。
今天就來自己動手準備肉類料理，盡情徜徉在「吃肉吃到飽」的樂趣中如何？
擺上一盤肉類料理，再配上一碗尖尖的白飯！本章介紹了分量十足、非常下飯的十一道無敵肉類料理。

超美味可樂煮雞翅

甜口味的無敵柔軟雞翅，吃過就知道的美味。

1

鍋中放入雞翅3支、可樂約250ml（淹過雞翅一半的高度）、醬油4大匙、胡椒鹽1小匙，以中火煮約15分鐘。

2

以勺子大略撈去浮在水面的混濁白泡，以鋁箔紙直接覆蓋在食材上。

3

轉小火，繼續煮15分鐘。

1人份的材料

雞翅…3支（約180g）
可樂…約250ml
醬油…4大匙
胡椒鹽…1小匙

明太子美乃滋雞

辛辣、濃郁，而且多汁到令人驚訝的雞肉，令人白飯一口接一口！

1

大碗放入切塊的雞腿肉150g、明太子2條（1副）、美乃滋3大匙混合。

2

平底鍋放入沙拉油1大匙加熱，放入1，以中火加熱兩面各2分30秒，合計5分鐘，直到煎出焦色。

3

兩面煎出焦色後，轉小火，蓋上蓋子，煎到雞肉完全熟透（約5~7分鐘）。

1人份的材料

切塊雞腿肉…150g
明太子…2條（1副）
美乃滋…3大匙
沙拉油…1大匙

偷呷步燉漢堡排

做法簡單，味道卻超級棒，而且分量十足！低風險高回報的一道食譜！

1

洋蔥1/2顆切末，平底鍋放入沙拉油1大匙，以中火炒約3分鐘。熄火後放置約10分鐘，讓洋蔥冷卻。

2

大碗放入牛奶1大匙、蛋黃1顆、麵包粉3大匙混合。

1人份的材料

牛絞肉…100g	雞蛋…1顆	胡椒鹽…1小撮	番茄醬…1大匙
洋蔥…1/2顆	麵包粉…3大匙	酒…3大匙	醬汁…2小匙
牛奶…1大匙	沙拉油…2大匙	奶油…1小匙	醬油…1小匙

3

將1的洋蔥和牛絞肉100g放入2的大碗，以手混合，捏成漢堡排的形狀。

4

平底鍋放入沙拉油1大匙，以中火加熱，放入3，以大火加熱兩面各約1分鐘，合計2分鐘，直到煎出焦色。

5

呈現焦色後轉小火，繼續煎5分鐘，直到全部熟透。

6

全部熟透後，加入奶油1小匙、酒3大匙、番茄醬1大匙、醬汁2小匙、醬油1小匙、胡椒鹽1小撮，以中火煮約2分鐘，直到冒小泡。

耐心等待，也是做菜的樂趣之一。
小撇步！
與醬汁一起邊煮邊煎，就可以將美味封在裡面。

照燒雞

甜味令人上癮的照燒雞，好吃到欲罷不能。

1

容器裡放入醬油1大匙、砂糖1.5大匙、酒1大匙混合，製作醬汁。雞腿肉100g切成一口大小。

2

平底鍋倒入沙拉油1大匙，以中火加熱後，放入雞肉翻炒，直到完全熟透（約5～7分鐘）。

3

熄火後裹上1的醬汁。

1人份的材料

雞腿肉…100g
酒…1大匙
砂糖…1.5大匙
醬油…1大匙
沙拉油…1大匙

定食屋的薑燒雞肉

下飯肉類料理排行榜常勝軍的薑燒肉！得快點準備白飯才行！

1

大碗放入切塊的雞腿肉200g、軟管裝生薑泥1大匙、醬油2大匙、酒1大匙混合，蓋上保鮮膜，放入冰箱醃漬30分鐘。

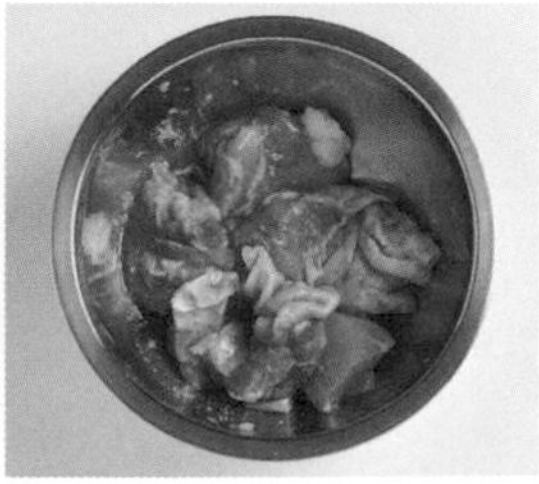

2

平底鍋倒入沙拉油1大匙，以中火加熱後，放入1，雞腿肉邊翻邊煎約3分鐘，直到兩面呈現焦色。

3

兩面呈現焦色後，轉為小火，蓋上蓋子，煎至雞肉完全熟透（約5～7分鐘）。

1人份的材料

切塊雞腿肉…200g
酒…1大匙
醬油…2大匙
沙拉油…1大匙
軟管裝生薑泥…1大匙

印度烤雞

辛辣＋順口＝美味的印度烤雞！咖哩粉與優格大活躍。

1

大碗內放入雞翅4支、優格100g、咖哩粉1大匙、胡椒鹽1/2小匙混合。蓋上保鮮膜，放入冰箱醃漬30分鐘。

2

平底鍋倒入沙拉油1大匙，以中火加熱。放入1的雞翅，蓋上蓋子，以大火將兩面各煎約1分鐘，共計2分鐘，直到呈現焦色。

3

再次蓋上蓋子，以小火慢煎，直到雞肉完全熟透（約5～7分鐘）。

1人份的材料

雞翅…4支（約240g）
原味優格…100g
咖哩粉…1大匙
胡椒鹽…1/2小匙
沙拉油…1大匙

超級下飯的炒雞肝

本書名列前茅的健康食譜！蔬菜豐富，營養滿點的炒雞肝。

1

容器裡放入軟管裝大蒜泥1公分、軟管裝生薑泥1公分、味噌2小匙、醬油2小匙、胡椒鹽撒2下，全部混合。

2

韭菜7～8根切段，長蔥1/2根斜切，雞肝200g切成一口大小（雞肝清除血塊，浸泡牛奶20分鐘，即可去腥）。

3

平底鍋內放入沙拉油1大匙、2的雞肝、韭菜、長蔥，以中火炒約5～7分鐘。確定雞肝完全熟透後轉為小火，裹上1的醬汁。

1人份的材料

雞肝…120g
韭菜…7～8根
長蔥…1/2根
味噌（喜歡的種類）…2小匙
胡椒鹽…撒2下的量
醬油…2小匙
軟管裝大蒜泥…1公分
軟管裝生薑泥…1公分
沙拉油…1大匙

白菜蒸豬五花肉

以白菜的水分悶蒸，因此只需要白菜、豬五花肉、胡椒鹽即可完成！

1

白菜葉約10片稍微水洗後切成一口大小，豬五花肉薄片50g切得比白菜小塊一些。

2

在鍋子裡將白菜與豬五花肉片垂直插入排列。

3

放滿鍋子後，蓋上蓋子，以中火蒸約3～4分鐘。待豬五花肉熟了之後，撒上胡椒鹽3～5下。

1 人份的材料

白菜葉…10片
豬五花肉薄片…50g
胡椒鹽…撒3～5下的量

蔬菜滿點豬五花肉生薑鍋

愈吃愈溫暖。
最適合在寒冷的季節撫慰身心！

1

白蘿蔔1/8根、紅蘿蔔1/2根、牛蒡1/3條削皮，以削片器削成薄圓片，日本水菜1株與豬五花肉薄片45g切成一口大小。

2

鍋子放入水250ml、醬油2小匙、酒2小匙、砂糖1小匙、鹽巴1小匙、軟管裝生薑泥5公分混合。

3

將1依照牛蒡、紅蘿蔔、白蘿蔔、日本水菜、豬肉的次序放入2的鍋內，蓋上蓋子。以中火煮約5～7分鐘，直到豬肉熟透。

1人份的材料

白蘿蔔…1/8根
紅蘿蔔…1/2根
牛蒡…1/3條
日本水菜…1株
豬五花肉薄片…45g
醬油…2小匙
酒…2小匙
砂糖…1小匙
鹽巴…1小匙
軟管裝生薑泥…5公分
水…250ml

滋味溫柔的高麗菜卷

滿滿的肉汁、溫柔的清湯底醬汁，這就是高麗菜卷的魅力。

1

高麗菜葉3片去硬芯，以大火燙煮約3分鐘，直到柔軟。洋蔥1/2顆切末。雞蛋1/2顆打散，與麵包粉1大匙混合。

2

大碗放入1的洋蔥與混合了麵包粉的蛋液，加入絞肉50g、胡椒鹽撒2下混合，放在1的高麗菜葉中央。

1人份的材料

高麗菜葉…3片
絞肉（豬絞肉或牛絞肉皆可）…50g
洋蔥…1/2顆
雞蛋…1/2顆
雞湯粉…2小匙
胡椒鹽…撒3下的量
水…300ml
麵包粉…1大匙
酒…1大匙

3

將2捲起。

4

捲好後以牙籤固定。

5

鍋中放入水300ml、雞湯粉2小匙、酒1大匙、胡椒鹽撒1下，以中火煮2～3分鐘，直到沸騰。放入4，蓋上蓋子，以大火煮2分鐘。

6

轉小火，燉煮約30分鐘。

只要能捲得漂亮，
不管用牙籤還是什麼都可以。
小撇步！
只要利用牙籤，就可以輕易捲出漂亮的高麗菜卷。

特製棒棒雞

辛辣卻爽口！請務必一嘗這徹底入味的雞肉美味。

1

長蔥4公分切末，小黃瓜切成4公分的絲。

2

雞胸肉200g擺上1的長蔥、軟管裝生薑泥1公分，淋上酒2小匙，蓋上保鮮膜。

1人份的材料

雞胸肉…200g	砂糖…1大匙	芝麻油…2小匙
長蔥…4公分	醋…1大匙	軟管裝生薑泥…2公分
小黃瓜…4公分	醬油…2大匙	酒…2小匙
辣油…1大匙	白芝麻粉…1大匙	

3

將2以微波爐（500W）加熱約8分鐘，直到熟透。

4

去掉3的雞皮，並用叉子與料理筷將雞肉撕成條狀。

5

在容器中放入辣油1大匙、醋1大匙、醬油2大匙、白芝麻粉1大匙、芝麻油2小匙、軟管裝生薑泥1公分混合，製作醬汁。

6

將4盛入容器，放上1的小黃瓜絲，淋上5的醬汁。

如果有全自動撕雞肉機就好了……
小撇步！
仔細地撕開雞肉，味道就能均勻滲透進去。

好餓的灰熊の
料理秘技

「手頭緊的時候，就到食品量販店買 5公斤1000日圓的義大利麵度過難關吧！」

大家知道「食品量販店」嗎？也就是廉價批發餐飲店使用的調味料等料理材料的賣場。除了業務用大包裝的2公斤醬油、醬汁等等以外，也有不少進口食材，是很方便的購物場所。

其中作者最推薦購買的就是義大利麵。基本上量愈大愈便宜，因此有時甚至可以用約1000日圓的價錢買到多達5公斤的義大利麵。更進一步說，最應該在食品量販店購買的商品就是「保存期限長的食品」。有時候一口氣買太多，不僅得趕著消耗，也會吃不完而放到壞掉。所以在食品量販店，最好購買像義大利麵這種可以長期保存，而且用途多多，買再多都不怕用不完的商品。

Chapter

8

追求吐司
無限的可能性！

作者是白飯派！但有時候還是會渴望麵包的滋味。

本章介紹的，就是這種時候經常做的，百吃不厭、美味簡單又便宜的麵包料理。

本章挑選了四道麵包食譜，分別是把料放在吐司上面，放入烤箱即可完成的吐司披薩、滋味令人著迷的咖哩鮪魚吐司、時髦的火腿起司三明治，以及簡單又令人懷念、有時候就是好想吃的雞蛋三明治。

蟹肉美乃滋吐司披薩

番茄醬、披薩起司，以及蟹肉棒！
用唾手可得的食材做出來的簡單吐司披薩！

1
1.5公分厚的吐司1片，抹上番茄醬1大匙。

2
蟹肉棒4根以手大略撕開，與美乃滋1大匙混合。在1放上蟹肉美乃滋與披薩用起司2小撮。

3
小烤箱鋪上鋁箔紙，放上2，烤約3～4分鐘，直到麵包變得酥脆。

1人份的材料

1.5公分厚的吐司…1片
蟹肉棒…4根
披薩用起司…2小撮
番茄醬…1大匙
美乃滋…1大匙

咖哩鮪魚吐司

咖哩粉！美乃滋！最受歡迎的鮪魚！全部加在一起，便成了超美味吐司！

1

將未瀝油的鮪魚40g、咖哩粉尖起1大匙、美乃滋2大匙混合。

2

將1.5公分厚的吐司1片塗上1。

3

在小烤箱鋪上鋁箔紙，放上2，烤大約3～4分鐘，直到吐司變得酥脆。

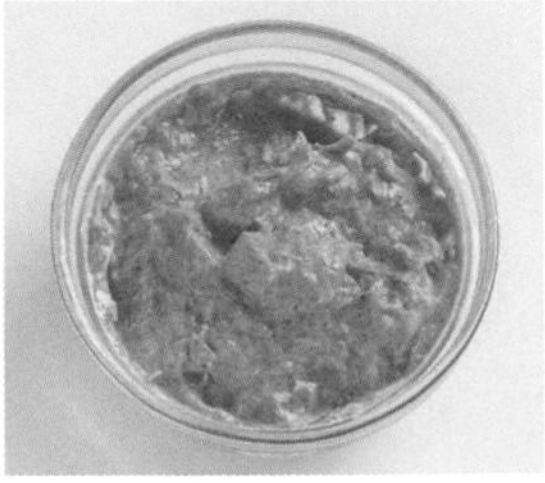

1人份的材料

1.5公分厚的吐司…1片
鮪魚罐頭…40g
咖哩粉…尖起的1大匙
美乃滋…2大匙

火腿起司三明治

以兼具時髦及分量的火腿起司三明治，來一頓優雅的早餐如何？

1

1.5公分厚的吐司1片，疊上火腿1片及披薩用起司2小撮。

2

平底鍋放入奶油1小匙，以中火融化。轉小火，加入麵粉2大匙，以料理筷拌炒1分鐘，直到變成焦黃色。

1人份的材料

1.5公分厚的吐司…2片	麵粉…2大匙
火腿…1片	雞湯粉…1小匙
披薩用起司…2小撮	奶油…1小匙
牛奶…120ml	黑胡椒…撒2下的量

3

維持小火，分次少許加入牛奶120ml與雞湯粉1小匙，攪拌約2分鐘，直到變成滑順的狀態。

4

將一半的3放在1的吐司上。

5

將4疊上1片吐司夾住料，最上面放上剩餘的3。

6

在小烤箱鋪上鋁箔紙，放上5，烤約3～5分鐘，直到稍微出現焦色，撒上黑胡椒2下。

小撇步！

將起司粉均勻地撒遍整片吐司，不管從任何一個地方咬下去，都可以品嘗到美味的起司。

咖啡廳的雞蛋三明治

簡單卻又深受世人喜愛的雞蛋三明治，也可以在家品嘗到。

1

鍋子放入水500ml煮沸，放入雞蛋1顆，以中火煮8分鐘。

2

吐司2片抹上奶油1小匙。白煮蛋剝殼，放入大碗中搗碎。

3

美乃滋2大匙、黃芥末1大匙、胡椒鹽1小匙加入2的雞蛋中拌勻，夾在吐司裡，切成4等分。

1人份的材料

- 吐司…2片
- 雞蛋…1顆
- 奶油…1小匙
- 美乃滋…2大匙
- 軟管裝黃芥末…1大匙
- 胡椒鹽…1小匙
- 水…500ml

Chapter

9

分量滿點！一道料理填飽肚子！麵粉類

單看「飽足感」的話，麵粉類料理肯定遠勝其他料理。
比丼飯更容易填飽肚子，比麵類飽足感更持久，同時又可以藉由配料自由變化出各種味道。本章介紹的五道食譜，每一道都具備了傲人的分量。
這幾道食譜都容易自行變化，比方說更換一半的配料、加上調味料改變風味、追加想要的料等等，所以不管做上多少次都不厭倦。

超便宜豆芽菜大阪燒

大膽使用無人不知的超便宜食材——豆芽菜所做成的新食感超美味大阪燒。

1

大碗裡放入麵粉100g、豆芽菜200g、水125ml混合。

2

平底鍋以中火加熱，放入沙拉油1大匙，倒入1的麵糊，使呈圓餅狀，以中火煎約3分30秒。

3

將2翻面後，續煎4～5分鐘，盛入容器，依喜好淋上醬汁及美乃滋。

1人份的材料

豆芽菜…200g
麵粉…100g
水…125ml
沙拉油…1大匙
醬汁…喜好的量
美乃滋…喜好的量

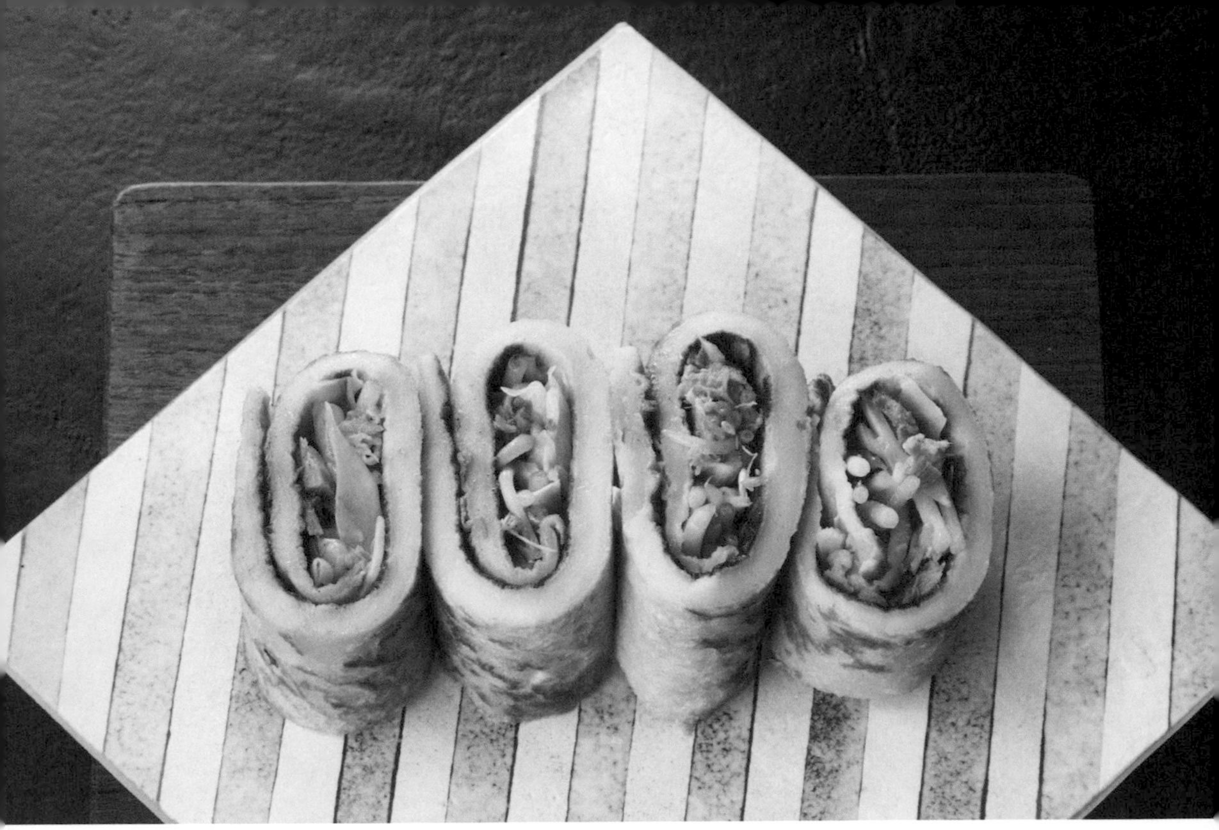

蔬菜豐富的墨西哥玉米餅

大口咬上淋滿醬汁的蔬菜與Q彈的餅皮吧！

1

高麗菜葉1片切絲，豆芽菜40g燙熟。在大碗放入麵粉70g、雞蛋1顆、牛奶100ml混合。

2

平底鍋放入沙拉油1大匙，以中火加熱後，倒入1的麵糊，以小火煎2分鐘，翻面後續煎1分鐘，取出放在砧板上。

3

將1的高麗菜和豆芽菜、瀝過油的鮪魚20g放到2上，依喜好抹上醬汁及美乃滋。捲起麵皮，以牙籤固定，切成一口大小。

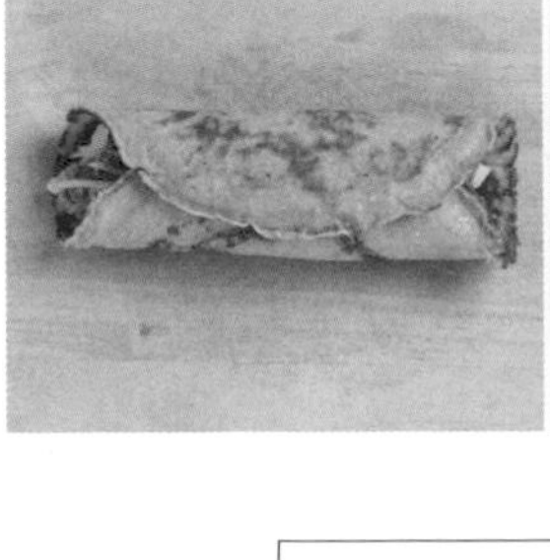

1人份的材料

- 雞蛋…1顆
- 牛奶…100ml
- 高麗菜葉…一片
- 豆芽菜…40g
- 鮪魚罐頭…20g
- 沙拉油…1大匙
- 麵粉…70g
- 醬汁…喜好的量
- 美乃滋…喜好的量

Q彈濃稠文字燒

濃厚的滋味，加上點心餅酥脆的口感，一個人獨占柔軟的蔬菜！

1

在大碗內放入麵粉2大匙、醬油1大匙、水150ml、高湯粉1小匙混合。

2

高麗菜葉大片約3片切絲。

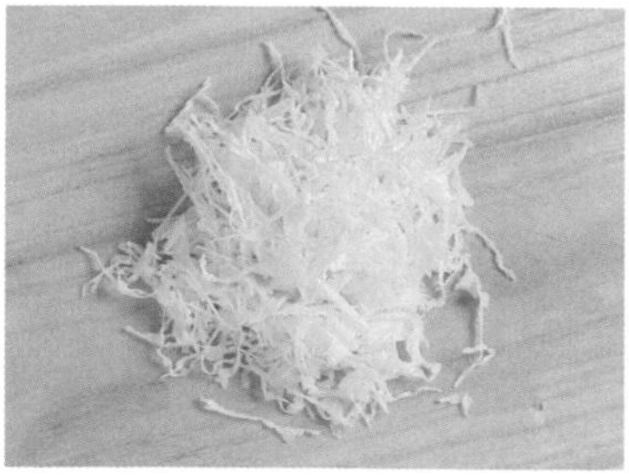

1人份的材料

- 模範生點心餅…1/2袋
- 高麗菜葉…大片約3片
- 麵粉…2大匙
- 醬油…1大匙
- 高湯粉…1小匙
- 水…150ml
- 沙拉油…2大匙

3

平底鍋放入沙拉油1大匙，以中火加熱，放入高麗菜絲，在外圍堆成圈狀。

4

把1的一半和模範生點心餅1/2袋放入3的中央，以小火煎約3分鐘，開始冒小泡後，將周圍的高麗菜混合進來。

5

把平底鍋的內容物全部撥到外圍堆成圈狀，將剩餘的1倒入中央，以小火煎約3分鐘。

6

5開始冒小泡後，熄火將外圍的料混合進來。

這東西的正式名稱叫什麼……？
小撇步！
如果有小鏟子，做起文字燒就很方便。

以平底鍋輕鬆製作的煎包

不管是當點心、配菜還是主食都可以！分量滿點，蔬菜也滿點的煎包。

1

大碗裡放入麵粉100g、熱水50ml、鹽巴1小撮，以手揉捏。

2

將1揉成球狀，罩上保鮮膜，在冰箱靜置15分鐘。

1人份的材料

麵粉…100g
茄子…1條
長蔥…1/2根
熱水…50ml
水…50ml
鹽巴…1小撮
味噌（喜歡的種類）…2小匙
芝麻油…2大匙

3

茄子1條切末，長蔥1/2根切蔥花，平底鍋放入芝麻油1大匙、茄子、長蔥，以中火炒2分30秒。

4

3轉小火，加入味噌2小匙混合，熄火，將2分成3等分，用手延展至約2mm厚度。

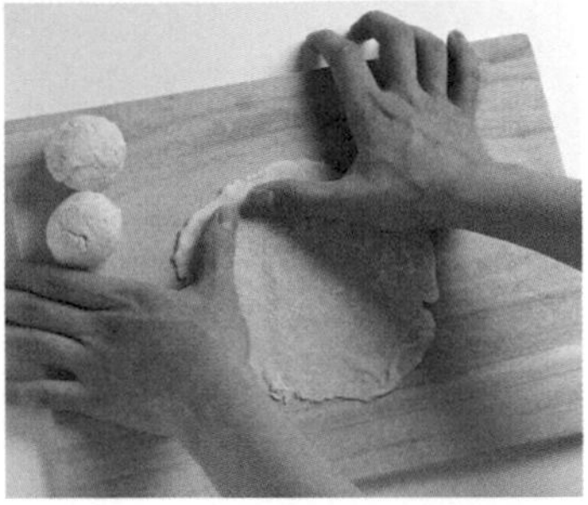

5

用4的麵皮包住3的餡料。

6

平底鍋內放入芝麻油1大匙和5，以中火煎約3～4分鐘，翻面後加入水50ml，蓋上蓋子煎3～4分鐘。

小撇步！

蓋上蓋子悶煎，就可以讓食材熟透，並且口感柔軟。

咖哩好夥伴！印度烤餅

類似烤饢餅，但是做法更簡單。
請務必搭配咖哩一同享用。

1

大碗裡放入麵粉100g、砂糖5g、溫水50ml，以手揉捏10分鐘。罩上保鮮膜，在冰箱靜置20分鐘。

2

將1撕成想要的大小（約2～3等分），放在撒了麵粉的砧板上，以擀麵棍將麵糰桿成約5mm厚度。

3

平底鍋放入沙拉油1大匙，以中火兩面各煎2分鐘，共4分鐘，直到呈現焦色。沾上咖哩食用。

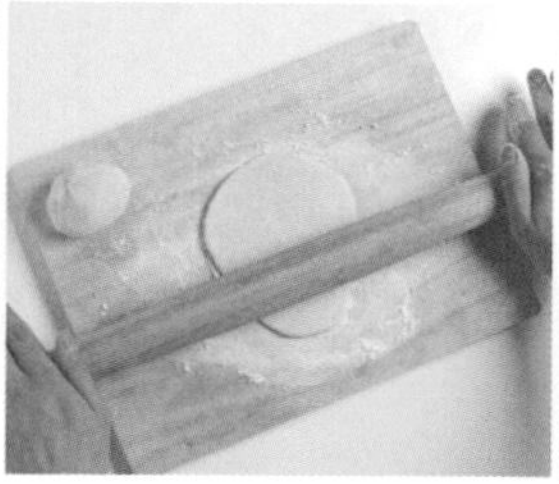

1人份的材料

麵粉…100g
麵粉（撒在砧板上）…1～3大匙
溫水…50ml
砂糖…5g
沙拉油…1大匙

Chapter

10

從道地甜點到簡易零嘴應有盡有

點心很容易做，但要正式挑戰做甜點，卻是困難重重。
因為一般的甜點食譜，需要準備的各項材料及複雜的工序，令人望而生畏，而且一弄錯順序就會失敗，或是比其他料理更要求精確。
因此本書介紹的甜點食譜，特別追求「徹底簡單化」、「嚴選使用的食材及調味料」。
本章介紹的十一道甜點，證明了簡單與美味是可以兩全其美的。

道地銷魂巧克力蛋糕

使用黑巧克力，製作出兼具高雅與濃郁的天堂巧克力蛋糕。

1

在圓形蛋糕模放入奶油10g，用湯匙抹勻。

2

在大碗中放入剝碎的黑巧克力100g和奶油30g，隔水加熱，以料理筷攪拌融化。

1人份的材料

黑巧克力…100g
鮮奶油…50ml
雞蛋…2顆
奶油（抹蛋糕模用）…10g
奶油（麵糊用）…30g
可可粉…3大匙
麵粉…30g

3

在其他大碗打入雞蛋2顆，用打泡器攪拌至呈黏稠狀。

4

將融化的巧克力與麵粉30g、可可粉3大匙、鮮奶油50ml加入3，以木鏟輕柔地混合。

5

將4倒入1。

6

放入預熱170度的烤箱烤30分鐘。插入竹籤，確定沒有沾上麵糊即完成。

明明寫黑巧克力……
可是卻好甜……?!
黑巧克力
小撇步！
使用黑巧克力，就可以做出高雅的甜味與濃郁感。

超簡單希臘優格

簡單到令人懷疑「真的這樣就能做成功嗎？」搭配蜂蜜或果醬，也非常美味。

1

大碗裡放入濾網。

2

將廚房紙巾鋪在濾網上，將優格150g倒入其中。

3

直接以廚房紙巾包裹起來，放置於冰箱冷藏半天，瀝去水分。食用的時候，依喜好加入砂糖。

1人份的材料

原味優格…150g
砂糖…依喜好

正宗手工布丁

徹底追求「可以在家簡單製作」的布丁。

1

在大碗內倒入牛奶80ml、雞蛋1顆、砂糖2大匙，攪拌並過篩。

2

將砂糖1大匙、水1大匙倒入小鍋，以大火熬煮1分鐘，製作糖漿。依糖漿、1的順序倒入耐熱容器裡。

3

在鍋中倒入200ml的水及2，以中火加熱2分30秒，轉小火續加熱8分30秒~12分鐘（隔水加熱）。熄火後放置5分鐘，接著放入冰箱冷藏半天。

1人份的材料

牛奶…80ml
雞蛋…1顆
砂糖…3大匙
水…200ml＋1大匙

手工草莓果醬

盛產期時最想製作的草莓果醬。一次做好，就是佐吐司、優格與甜點的良伴！

1

草莓160g去掉蒂頭，縱切成兩半。將切好的草莓及砂糖100g放入耐熱容器。

2

蓋上蓋子，以微波爐（500W）加熱2分30秒。

1人份的材料

草莓…160g
砂糖…100g
熱水…200ml

3

把2從微波爐取出，取下蓋子，充分攪拌後，放置在常溫30分鐘冷卻。

4

3不加蓋，放入微波爐（500W）加熱約2分鐘。

5

玻璃空瓶放入200ml熱水中，以沸水消毒。

6

取出消毒完畢的玻璃瓶，倒放使其自然乾燥，裝入4的果醬。

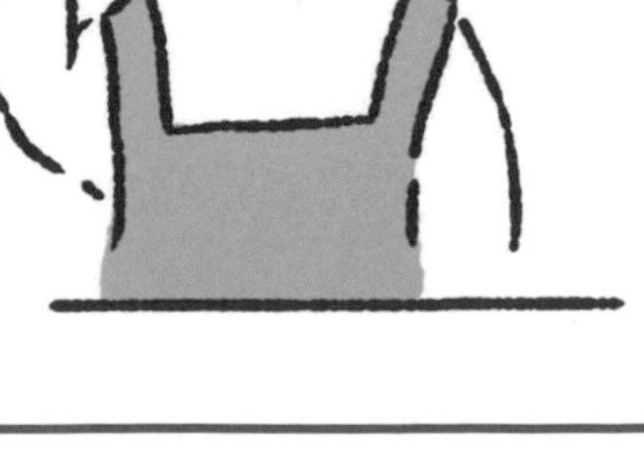

小撇步！

使用當季盛產的草莓，香氣與色澤都是最棒的，做成的果醬也更好吃。

餃子皮仙貝

餃子皮放進小烤箱烘烤後，變得酥酥脆脆！有點飢餓時，可以來上幾片。

1

水餃皮3片，單面抹上醬油1/2小匙。

2

將1放在鋁箔紙上，放入小烤箱，加熱約2～4分鐘，留意不要烤焦，直到膨脹。

3

翻面之後，一樣加熱約2～4分鐘，留意不要烤焦，直到膨脹。

1人份的材料

水餃皮…3片
醬油…1/2小匙

吐司邊脆餅

吐司邊、橄欖油、砂糖，用這些材料就可以做出酥脆甜蜜又美味的脆餅！

1

將1片吐司的吐司邊浸泡在橄欖油2大匙裡。

2

將砂糖1大匙均勻撒在吐司邊全體，放在鋁箔紙上。

3

放入小烤箱，加熱約4～7分鐘，留意不要烤焦，直到烤至酥脆。

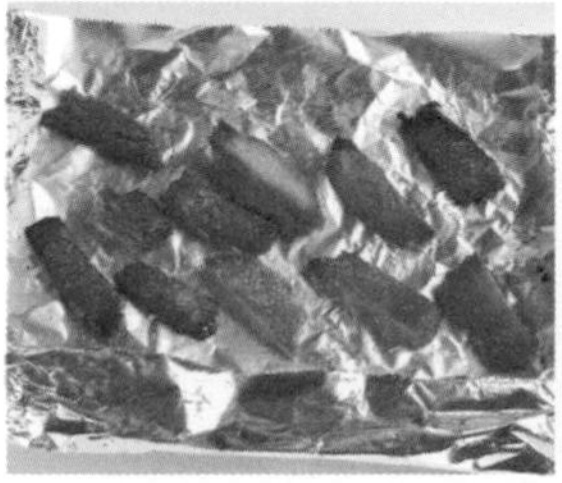

1人份的材料

吐司邊…1片份
橄欖油…2大匙
砂糖…1大匙

香濃南瓜布丁

可以充分享受到南瓜溫柔不膩的甜味！

1

以湯匙在圓形蛋糕模內均勻抹上奶油1小匙。

2

南瓜400g削皮後切成適當大小，以微波爐（500W）加熱12分鐘。用攪拌器將2顆雞蛋打散。

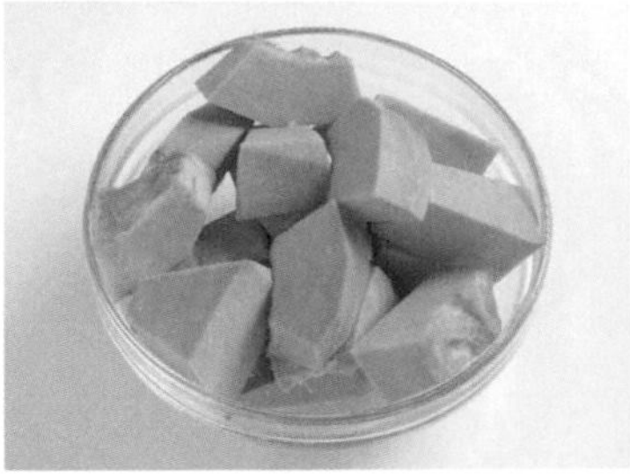

1人份的材料

南瓜…400g
雞蛋…2顆
牛奶…350ml
砂糖…70g
奶油…1小匙

3

從微波爐取出南瓜，用搗泥器壓碎，加入砂糖70g和蛋液，以平鏟拌勻。

4

鍋中倒入牛奶350ml，以中火加熱約1分鐘至微溫，加入3，以木鏟攪拌至滑順狀態。

5

將4過篩並倒入1的蛋糕模。

6

烤箱以180度預熱，放入5，烤40分鐘後，取出放入冰箱冷藏半天。

有沒有過篩，味道的差別就有如白熊和灰熊那麼巨大。

小撇步！

過篩可以讓南瓜糊變得更為細膩，成品更美味。

蘋果絕妙的甜味！翻轉蘋果塔

讓人想要一嘗再嘗的甜美蘋果，以及教人著迷的口感！美味沒話說！

1

蘋果削皮後，以削皮器將果肉削成1mm厚度的薄片。

2

在大碗中打入雞蛋1顆、牛奶150ml、鬆餅粉150g，大略攪拌（不必仔細拌勻，大概拌一拌即可）。

1人份的材料

蘋果…1顆	牛奶…150ml
雞蛋…1顆	奶油…30g
鬆餅粉…150g	砂糖…3大匙

3

平底鍋放入奶油30g、砂糖3大匙，一面攪拌，一面以小火加熱1分鐘。

4

將1的蘋果片以圓狀鋪滿3，倒入2的塔皮糊，延展至約2公分厚度，蓋上蓋子。

5

雖然看起來完全失敗了，但請維持小火加熱約4分鐘，冷靜地等待，直到麵糊膨脹。

6

把大盤子蓋在平底鍋上，一口氣翻過來。

可以取巧的地方就盡量取巧吧！
小撇步！
用鬆餅粉做塔皮，就能輕鬆做出美味的塔！

不甜膩香蕉蛋糕

濕潤的口感，加上香蕉溫和的甜味，而且還富有飽足感！

1

香蕉2條剝皮並搗成泥。

2

在耐熱容器放入奶油40g，以微波爐（500W）加熱30秒溶化。

1人份的材料

香蕉…2條
雞蛋…2顆
砂糖…40g
麵粉…130g
泡打粉…5g
奶油…50g

3

大碗放入溶化的奶油、香蕉泥、雞蛋2顆、砂糖40g，以攪拌器攪拌至滑順的狀態。

4

將麵粉130g與泡打粉15g加入3，以平鏟輕柔地拌勻。

5

將奶油10g均勻塗抹在圓形蛋糕模內側。

6

將4的麵糊倒入5，放入預熱180度的烤箱烘烤40分鐘。插入竹籤時不會沾上麵糊就完成了。

忘記抹奶油的時候真的很慘……

小撇步！

預先在圓形蛋糕模內側抹上奶油，就能輕鬆取出烤好的蛋糕。

健康紅蘿蔔蛋糕

鬆軟的蛋糕體及紅蘿蔔的清甜擴散在整個口腔。

1

紅蘿蔔1根削皮磨碎，與奶油2大匙、砂糖70g、雞蛋2顆、麵粉160g一起放入大碗，以攪拌器攪拌至滑順的狀態。

2

在1加入泡打粉1.5小匙，以木鏟大略混合。

3

用湯匙在圓形蛋糕模內側塗抹奶油2小匙，倒入2，放入預熱170度的烤箱烘烤約50分鐘，插入竹籤時不會沾上麵糊就完成了。

1人份的材料

紅蘿蔔…1根
雞蛋…2顆
麵糊…160g
奶油…2大匙
　　　2小匙
泡打粉…1.5小匙
砂糖…70g

暖心香蕉熱牛奶

只用牛奶、香蕉、砂糖即可完成。讓全身打從心底溫暖起來。

1

鍋中放入香蕉1條、牛奶200ml、砂糖1小匙，用湯匙等工具把香蕉壓成泥狀。

2

以中火加熱1，用木鏟溫柔地邊攪拌邊煮。

3

加熱約2分鐘，開始冒泡後便熄火。

1人份的材料

香蕉…1根
牛奶…200ml
砂糖…1小匙

好餓的灰熊の
料理秘技

「使用市售的醬汁或調味料，完全不需要心虛！盡量利用，讓烹飪變得更輕鬆吧！」

剛開始下廚的時候，有時候可能怎麼樣就是調不出滿意的味道。這種時候，直接使用「ＸＸ醬」、「ＸＸ粉」等商品也完全沒問題。就算使用現成的調味商品，也不會有人罵你，況且那些商品是知名廠商的開發人員研究出來的味道，可以說是大師級的調味。

如果能請到大廚來替味道進行最後的調整，完成美味的料理，那是再好不過了。等到熟悉烹飪了，想要挑戰「我想弄成這種味道」、「我想做出這種風味」時，再離開市售品，追尋「自己的味道」，才是剛剛好，不是嗎？

Chapter

11

從內暖到外的湯品

什麼是美味的料理？使用有機栽培、珍貴稀少的高級食材製作的料理，肯定美味得難以形容；一邊觀賞歡樂的電影，大笑著品嘗的料理也讚透了。

可以一個人悠閒愜意地品嘗的料理，是不是溫暖的湯品呢？本章要介紹的，就是喝了令人安心，想要再次品嘗，並可輕鬆完成的美味湯品。

田園風南瓜濃湯

奢侈地使用大量南瓜，味道柔和的暖心湯。

1

洋蔥1顆切片，南瓜100g削皮後切成適當大小。洋蔥與南瓜用微波爐（500W）加熱5分鐘。

2

鍋中放入1和水200ml，以中火加熱5分鐘後，全部放入食物調理機，攪拌成液狀。

3

將2放入鍋中，加入牛奶100ml、雞湯粉1小匙、奶油1小匙、胡椒鹽1小匙，以小火加熱約5分鐘，直至變成滑順的狀態。

1人份的材料

南瓜…100g
洋蔥…1顆
牛奶…100ml
雞湯粉…1小匙
奶油…1小匙
胡椒鹽…1小匙
水…200ml

暖胃法式洋蔥湯

濃稠的洋蔥，配上融化的起司及吸滿了湯汁的麵包，一道菜就能滿足脾胃的湯品。

1

洋蔥1/2顆切薄片，以微波爐（500W）加熱4分鐘。平底鍋加入奶油1大匙和洋蔥，以中火炒2分30秒。

2

在1加入水300ml與雞湯粉1小匙，以中火加熱2分鐘，直到稍微沸騰。倒入耐熱容器，放入吐司1/2片與披薩用起司1小撮。

3

將2放在鋁箔紙上，以小烤箱加熱約5分鐘，直到起司呈現焦色。

1人份的材料

洋蔥…1/2顆
披薩用起司…1小撮
吐司…1/2片
雞湯粉…1小匙
水…300ml
奶油…1大匙

用番茄汁做的義式蔬菜湯

以番茄汁為基底，
加入豐富根莖蔬菜的義式蔬菜湯。

1

洋蔥1/2顆、紅蘿蔔1/3根、馬鈴薯1/2顆去皮。

2

將1的材料個別切成小丁。

1人份的材料

番茄汁…190ml	培根…20g
洋蔥…1/2顆	番茄醬…2大匙
馬鈴薯…1/2顆	雞湯粉…1/2小匙
紅蘿蔔…1/3根	水…500ml

3

將培根20g也切成差不多的大小。

4

鍋中加入水500ml與2，煮沸後一邊撈去浮渣，一邊以中火續煮5～7分鐘。

5

在4加入3的培根、番茄汁190ml、雞湯粉1/2小匙、番茄醬2大匙。

6

再次煮滾後，一邊撈去浮渣，一邊以中火續煮3～5分鐘。

這是為了讓每一口都好吃的重要工程。
小撇步！
將食材切成小塊，就可以同時品嘗到湯與食材。

營養滿點蔬菜滿點火上鍋

蔬菜！蔬菜！滿滿的蔬菜！
請以清爽的湯汁來享用豐富的蔬菜吧！

1

馬鈴薯2顆，紅蘿蔔1/2根、洋蔥1/2顆去皮，切成一口大小，以微波爐（500W）加熱5分鐘。加熱期間，將培根20g切成一口大小。

2

鍋中放入1、水250ml、雞湯粉1小匙，以大火煮2～3分鐘，直到沸騰。

3

沸騰後轉小火，續煮5～6分鐘。

1人份的材料

馬鈴薯…2顆
洋蔥…1/2顆
紅蘿蔔…1/2根
培根…20g
水…250ml
雞湯粉…1小匙

水鄉魚丸湯

以簡單調味的湯汁，
悠閒地品嘗沙丁魚丸和柔軟的蔥段吧！

1

長蔥1/2根切斜段。把去頭去肚去骨的沙丁魚2條剁成碎末，再以菜刀拍碎。容器裡放入太白粉1大匙、味噌1小匙和沙丁魚泥混合。

2

鍋中放入水200ml、高湯粉1小匙、醬油1小匙，以中火煮約2分鐘。加入切好的長蔥段，將1的魚泥以湯匙挖成丸狀放入湯中。

3

以小火續煮約4分鐘，直到魚丸熟透。

1人份的材料

去頭去骨的沙丁魚…2條
長蔥…1/2條
味噌（喜好的種類）…1小匙
太白粉…1大匙
醬油…1小匙
高湯粉…1小匙
水…200ml

好餓的灰熊の
料理秘技

「做菜差不多就行了！味醂可以用酒和砂糖代替，檸檬汁用醋來取代也行！」

做菜的時候，基本上沒有「非它不可」的東西。燉東西的時候，可以用酒和砂糖來取代味醂，義式薄片生肉中的檸檬汁，也可以用醋來取代。當然，有些料理不能缺少特定的食材，但大部分都可以用其他食材來代替。

就連我的溏心蛋，也是在研究要怎麼樣才能做得更好吃的過程中，因為醬油用完，拿手邊剛好有的麵味露嘗試，才做出了美味驚人的成品。做菜的時候，缺少食材和調味料時，思考該如何在受限的情況下發揮創意做出美味的料理，也是料理的一大樂趣，不是嗎？

Chapter

12

全部端上桌，花小錢就可以辦到！缺錢時的救難食譜

本章介紹的三道食譜，是本書所重視的「便宜、簡單、美味」三要素中，特別追求「便宜」的料理。首先是使用替代食材的食譜終極版，用零嘴取代豬排的豬排丼。

將必要的材料和調味料減少到極限，而成為本書最便宜食譜候補之一的馬鈴薯沙拉，則是僅使用馬鈴薯和調味料就能完成。

還有維持美味水準、並兼顧簡單與便宜的釜玉烏龍麵。只要花一點點錢，就可以把這三道菜全部端上桌。

超級炸豬排丼

再次回味兒時滋味。
充滿回憶的零嘴，現在即將重生！

1

打散1顆雞蛋。平底鍋內放入奶油1小匙，以中火融化後，倒入蛋液，迅速攪拌，以中火加熱1分30秒，直到蛋變成半熟。

2

在白飯100g上放上半熟狀態的1。

3

將超級炸豬排零嘴1片放在蛋上，依喜好淋上醬汁。

1人份的材料

- 超級炸豬排零嘴（ビッグカツ）…1片
- 雞蛋…1顆
- 白飯…100g
- 醬汁…喜好的量
- 奶油…1小匙

超便宜純馬鈴薯沙拉

跳脫傳統的純馬鈴薯沙拉。美乃滋、胡椒鹽創造出令人滿足的滋味。

1

馬鈴薯2顆削皮切小丁，包上保鮮膜，以微波爐（500W）加熱約6分鐘。

2

將加熱後的馬鈴薯放入大碗中，以搗泥器或湯匙壓碎。

3

壓至喜愛的鬆軟度後，加入美乃滋2大匙，撒上3下胡椒鹽，大略攪拌。

1人份的材料

馬鈴薯…2小顆
美乃滋…2大匙
胡椒鹽…撒3下的量

五分鐘就可上桌的超美味釜玉烏龍麵

「金額、工序、滋味」的絕妙完美平衡。終極萬能選手。

1

冷凍烏龍麵1球以微波爐（500W）加熱4分10秒。加熱期間，在麵碗裡放入軟管裝生薑泥1小匙、雞蛋1顆攪拌。

2

把烏龍麵放入1的麵碗中，靜置30秒。

3

在2淋上麵味露2大匙攪拌，撒上柴魚片3小撮及白芝麻1小匙。

1人份的材料

冷凍烏龍麵…1球
雞蛋…1顆
軟管裝生薑泥…1小匙
麵味露（2倍濃縮）…2大匙
柴魚片…3小撮
白芝麻…1小匙

Chapter

13

太美味而藏私的
部落格未公開食譜

自從開設部落格以來，我創作了各種料理並公開，但其中也有一些食譜是我個人藏私，或尚未完成，仍在持續改良當中，因而未公開在部落格上。
這裡介紹的三道料理，便是其中特別精心鑽研的自信之作。
希望各位挑戰這三道料理，讓一個人用餐的時間變得更美味、更快樂。

世界第一美味的奶油咖哩雞秘方

自己做印度咖哩相當麻煩，本篇教你如何輕鬆重現它的美味！

1

大碗放入優格150g、切塊雞腿肉150g，在冰箱裡醃30分鐘。

2

洋蔥1顆切末，用微波爐（500W）加熱3分鐘。

3～4人份的材料

原味優格…150g
切塊雞腿肉…150g
番茄汁…190ml
紅辣椒…1根
洋蔥…1顆
雞湯粉…2小匙
奶油…1大匙
軟管裝大蒜泥…1大匙
軟管裝生薑泥…1大匙
咖哩粉…2大匙
水…100ml

3

鍋中放入奶油1大匙、2的洋蔥、紅辣椒1根、軟管裝大蒜泥1大匙、軟管裝生薑泥1大匙，以中火炒7分鐘。

4

在3的鍋中加入咖哩粉2大匙，轉小火炒1分鐘。

5

在4放入番茄汁190ml、水100ml、1（連同優格全部）、雞湯粉2小匙。

6

蓋上蓋子，以小火續煮約40分鐘即完成。

這種時候，就該奢侈地使用優格。

小撇步！

以優格醃漬，肉質就會變得柔軟，還可以去腥，讓咖哩的口味變得溫潤。

傳說中的生雞蛋拌飯

可以同時享受到蛋白與蛋黃的嶄新生雞蛋拌飯，請挑戰看看！

1

雞蛋1顆，將蛋黃與蛋白分開來。

2

蛋白加入醬油1大匙、味醂1小匙、高湯粉2小匙，用攪拌器攪拌至鬆軟狀態。

3

在白飯100g上依序放上2的蛋白與蛋黃即完成。

1人份的材料

雞蛋…1顆
白飯…100g
醬油…1大匙
味醂…1小匙
高湯粉…2小匙

世界第一簡單的披薩做法

最後壓軸的是披薩！

一個人獨享，眾人熱鬧分享，都一樣美味！

1

洋蔥1/2顆切片，青椒1顆去蒂頭和種子，切成圈狀。

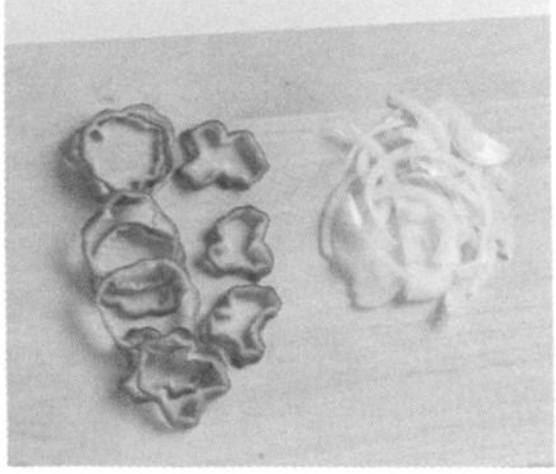

2

大碗裡放入麵粉150g、泡打粉1小匙、砂糖1小匙、橄欖油1大匙，混合均勻。

3

水80ml以大火加熱約15秒使成溫水，花上7分鐘，分次一點一點地倒入2，並在大碗中持續搓揉，製作麵糰。

1人份的材料

- 洋蔥…1/2顆
- 青椒…1顆
- 高筋麵粉…150g
- 麵粉（手粉用）…1～3大匙
- 泡打粉…1小匙
- 砂糖…1小匙
- 水…80ml
- 橄欖油…1大匙
- 番茄醬…喜好的量
- 胡椒鹽…1小匙
- 披薩用起司…喜好的量

4

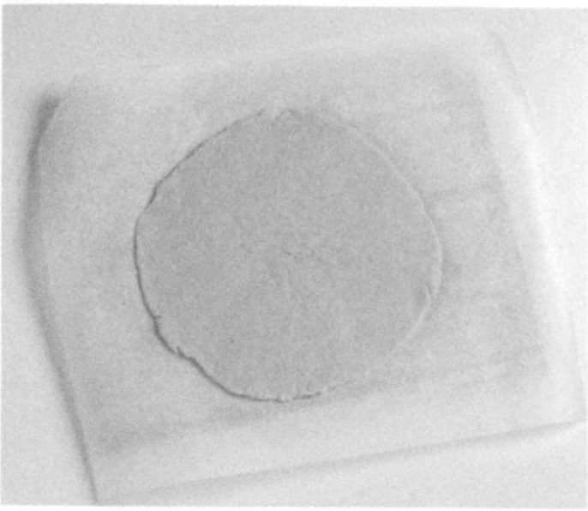

鋪上烘焙紙，薄薄地撒上手粉用的麵粉1～3大匙。放上3，以擀麵棍將麵糰擀成5mm厚度。

5

連同烘焙紙一同放入平底鍋，蓋上蓋子，以小火烘烤5分鐘，翻面並拿掉烘焙紙。

6

抹上喜好的量的番茄醬，依序放上披薩用起司、洋蔥與青椒、胡椒鹽1小匙，蓋上蓋子，以小火烘烤約10分鐘。

普通圓麵包、白吐司瞬間變身美味又吸睛的
「刺蝟麵包」、「法式吐司蛋糕」！

不用揉麵糰，用現成的麵包做就OK！

不可思議の魔法麵包

八木佳奈◎著

風靡法國、日本，手殘也能成為麵包大師！在圓球麵包表面切出格狀紋路，夾入喜歡的配料後烤一烤，好看又好吃的「刺蝟麵包」就完成了！將浸了蛋汁的白吐司和餡料層層置入磅蛋糕模裡之後烘烤，立刻進化成美麗誘人的「法式吐司蛋糕」！濃郁的香氣搭配澎湃的餡料，就是炒熱氣氛、製造驚喜的最佳魔法點心！

就算只有一個人，
也能吃得溫暖又美味！

獨飯時光
給自己的110道單人料理

金善主◎著

不用遷就別人的口味，盡管任性「挑食」！不必在意別人的眼光，盡情大快朵頤！110道最適合「獨飯族」的料理，暖胃也暖心，分量剛剛好，即使不擅長做菜的人也能輕鬆學會。只需要隨著心情「點菜」，無論是想要偷懶的時候，還是想要犒賞自己的時候，想吃什麼就自己動手。一個人吃飯，正是最幸福自在的時光！

國家圖書館出版品預行編目資料

世界第一美味的料理法100道 / 好餓的灰熊著；王華懋譯. -- 初版. -- 臺北市：皇冠, 2018.09
面； 公分. --（皇冠叢書；第4716種)(玩味；17)
譯自：世界一美味しい煮卵の作り方：家メシ食堂ひとりぶん100レシピ

ISBN 978-957-33-3399-9(平裝)

1.食譜 2.日本

427.131 107014699

皇冠叢書第4716種

玩味 17

世界第一美味的料理法100道

世界一美味しい煮卵の作り方
家メシ食堂 ひとりぶん100レシピ

編輯協力 乙丸益伸（編輯集團WawW! Publishing）
設計 田中真紀子
漫畫 野島美穗
料理完成攝影 相澤琢磨（光文社）
料理工程攝影 石田純子（光文社）

作　　者—好餓的灰熊
譯　　者—王華懋
發 行 人—平　雲
出版發行—皇冠文化出版有限公司
臺北市敦化北路120巷50號
電話◎02-2716-8888
郵撥帳號◎15261516號
皇冠出版社(香港)有限公司
香港銅鑼灣道180號百樂商業中心
19字樓1903室
電話◎2529-1778　傳真◎2527-0904
總 編 輯—許婷婷
美術設計—嚴昱琳
著作完成日期—2017年
初版一刷日期—2018年9月
初版四刷日期—2024年9月
法律顧問—王惠光律師

讀者服務傳真專線◎02-27150507
電腦編號◎542017
ISBN◎978-957-33-3399-9
Printed in Taiwan
本書定價◎新台幣350元/港幣117元